中等职业教育**中餐烹饪**专业系列教材

U0607102

咖啡调制：精品咖啡

主 编 于 越 许 青 孙 伟
副主编 刘德枢 曲聪聪 向 艳

重庆大学出版社

内容简介

本书以培养应用型高素质技术技能人才为宗旨，以职业能力培养为核心，基于咖啡师职业岗位工作过程进行设计与开发，紧紧围绕咖啡师职业岗位工作的实际需要，突出咖啡师职业岗位知识和技能，在保持学科知识系统性和完整性的同时，强化实践技能训练，培养学生的实际操作能力。本书内容全面，文化内涵深厚，注重学生人文素养和职业综合能力的培养。全书内容包括：咖啡的起源、认识精品咖啡、精品咖啡的加工与处理、精品咖啡的萃取与调制、精品咖啡的品鉴、世界著名单一产地咖啡豆介绍等。本书既可作为应用型本科、高职高专、中职及相关专业咖啡课程的教材，也可作为旅游、酒店管理、西餐等专业学生选修咖啡课程的教材，还可以作为咖啡师就业培训、岗位培训、职业技能等级考核鉴定的教材。

本书旨在为读者提供一个全面、系统、深入的精品咖啡学习知识框架，帮助他们更好地了解精品咖啡、品鉴咖啡、冲煮咖啡并享受咖啡带来的美好时光。

图书在版编目（CIP）数据

咖啡调制：精品咖啡 / 于越, 许青, 孙伟主编.
重庆：重庆大学出版社, 2025.9. -- (中等职业教育中
餐烹饪专业系列教材). -- ISBN 978-7-5689-5324-5
Ⅰ. TS273
中国国家版本馆 CIP 数据核字第 2025NF8215 号

咖啡调制：精品咖啡

主　编 于　越 许　青 孙　伟
副主编 刘德枢 曲聪聪 向　艳
责任编辑：龙沛瑶　　版式设计：龙沛瑶
责任校对：邹　忌　　责任印制：张　策

*

重庆大学出版社出版发行
社址：重庆市沙坪坝区大学城西路 21 号
邮编：401331
电话：(023) 88617190　88617185(中小学)
传真：(023) 88617186　88617166
网址：http://www.cqup.com.cn
邮箱：fxk@cqup.com.cn (营销中心)
全国新华书店经销
重庆长虹印务有限公司印刷

*

开本：787mm×1092mm　1/16　印张：12　字数：272 千
2025 年 9 月第 1 版　　2025 年 9 月第 1 次印刷
印数：1—1 000
ISBN 978-7-5689-5324-5　定价：49.00 元

本书如有印刷、装订等质量问题，本社负责调换
版权所有，请勿擅自翻印和用本书
制作各类出版物及配套用书，违者必究

Preface 前 言

在全面建设社会主义现代化国家的新征程中，职业教育作为培养技术技能人才、推动就业创业创新的重要基石，正承载着前所未有的历史使命。职业教育前途广阔、大有可为，它不仅关乎个人的职业发展，更对国家的经济社会发展具有深远影响。

近年来，我国职业教育取得了显著进展，庞大的职业教育体系为国家和社会的持续发展提供了有力的人才支撑。然而，随着科技的飞速发展和产业结构的持续调整，对高素质技术技能人才的需求也日益增长。在这一背景下，我们更需要重视职业教育的发展，提高其适应性和竞争力，以更好地满足社会对技术技能人才的多样化需求。

本书旨在为咖啡行业培养具备专业技能和职业素养的人才，既注重学习理论知识，又强调掌握实践技能。通过系统学习，学员可以全面了解咖啡的文化渊源、咖啡加工与处理、精品咖啡的调制与品鉴等方面的知识，从而为个人职业生涯和行业发展奠定坚实基础。

同时，我们也要不断创新职业教育模式，完善现代职业教育制度，加强产教融合、校企合作，提升职业教育的质量和水平。只有这样，我们才能培养出更多具备创新精神和实践能力的高素质技术技能人才，为国家的经济社会发展贡献自己的力量。

在本书的编写过程中，各编写人员分工如下：项目1、2由于越编写，项目3由曲聪聪编写，项目4由许青编写，项目5由孙伟编写，项目6由刘德枢编写。于越、许青、孙伟进行视频、图片剪辑整理，许青、孙伟、向艳进行书稿校对，所有编者共同录制本书微课视频。

　　本书在编写过程中，参阅了许多教材、专著和研究文献，在此对被参阅和借鉴教材、专著、资料的作者表示最衷心的感谢，向他们为知识传播所作出的贡献表示崇高的敬意！

　　通过这本书，我们希望能够引领读者踏上一段融合咖啡技艺与文化交流的精彩旅程。无论是咖啡爱好者、行业从业者还是初学者，都能在这里找到属于自己的那一份知识与灵感。让我们一同沉浸在这杯香气四溢的咖啡中，感受它带给我们的味蕾的享受、心灵的慰藉与文化的传承。愿这本书能成为您咖啡之旅中的良师益友，陪伴您在咖啡的世界里越走越远。

编　者

2024年10月

Contents 目 录

项目 1

咖啡的起源

【导读】

咖啡豆这一微小的果实，沐浴着阳光雨露，在美洲、非洲、亚洲及大洋洲的热带沃土上孕育而生。经过匠心培育、细致采摘与精心处理，它们跨越千山万水，抵达全球各地，化身为香气扑鼻、令人陶醉的咖啡饮品。从埃塞俄比亚的神秘起源，到中国云南的百年传承；从欧洲咖啡馆的文艺复兴氛围，到现代上海成为全球咖啡馆数量之冠的盛况，全球咖啡文化在融合中共生，每一滴咖啡都承载着丰富的历史与故事，每一口品尝都是对世界多样性的赞美。这不仅是咖啡制作技艺的展现，更是中外文化深刻交流与互鉴的见证。本项目我们将追溯世界咖啡的源头，探寻中国咖啡文化的百年历程，体验大自然的纯粹馈赠，聆听咖啡古老文化与现代发展的和谐交响。现在，让我们一同踏上这段探索之旅。

【项目背景】

在人类丰富多彩的文化长河中，咖啡以其独特的魅力超越了地域、文化和时间的界限，成为全球范围内广受欢迎的饮品之一。本项目旨在通过探索世界咖啡的历史起源，带领同学们走进这一迷人饮品的世界。在这个过程中，同学们将了解到咖啡在不同文化和历史背景下的传播与演变，以及它对人类的生活方式、社交习惯乃至经济发展产生的深远影响。

【项目目标】

1. 定义解读：明确世界及中国咖啡起源的相关历史。

2. 标准学习：掌握世界及中国咖啡的传播与发展历程。

3. 过程体验：通过资料学习，让同学们体验咖啡从古老文明到现代社会发展的全过程。

4. 文化感知：增强同学们对世界咖啡在不同文化背景下的演变和影响的理解。

5. 技能提升：培养同学们在小组合作、资料整理及文化传播方面的能力。

【学习建议】

1. 文献研究：查阅相关书籍、期刊文章和学术论文，了解咖啡的起源、传播与发展的历史背景和文化内涵。

2. 实地考察：参观咖啡种植园、咖啡加工厂和咖啡馆等场所，亲身体验咖啡的生产过程和消费文化。

3. 网络学习：利用网络资源如各类在线精品课程、视频教程和国际咖啡组织（ICO）、世界咖啡研究所（WCR）等官方网站，了解咖啡行业的最新动态和趋势。

任务1 世界咖啡的传播与发展

【任务目标】

1. 能简述世界咖啡的传播路径。

2. 了解世界咖啡产业的发展趋势。

3. 知识分享的效率，创新能力的提升，问题解决的成效。

世界咖啡的
传播与发展

【任务描述】

润心饮品研创社团的同学们在网上搜索到《2023年全球咖啡产业数据分析报告》，报告中提到，据美国农业部（USDA）统计数据，2013年至2022年，全球咖啡产量增长了89.38万吨，增幅约为9.31%；全球咖啡消费量增长了147.91万吨，增幅约为17.31%；全球咖啡进口量增长了112.18万吨，增幅约为15.98%；全球咖啡出口量增长了76.12万吨。从数据中可以看出，全球咖啡消费量增速明显高于产量增速，全球咖啡需求增长明显。世界咖啡产业是如何快速发展到今天的呢？社团同学们准备搜集整理世界咖啡的传播与发展相关资料，快加入他们的团队一起探索吧。

【任务分析】

润心饮品研创社团要做好关于世界咖啡的传播与发展的报告，首先，分组搜集咖啡普及、传播到世界各地的相关资料，包括但不限于咖啡如何传入欧洲、传入美洲、实现全球化传播等。其次，同学们需要将各组搜集到的资料进行整理，并以PPT、报告或手绘海报等形式进行展示宣讲，邀请参与活动的同学分享自己对"世界咖啡的传播与发展"的理解和感悟。

【任务实施】

咖啡的传播与发展是一个跨越千年的历程，从非洲的原始森林到世界的每一个角落，咖啡不仅成为一种广受欢迎的饮品，还深刻地影响了世界各地的文化和生活方式。

1）咖啡在阿拉伯世界的传播

（1）早期传播

大多数学者认为，咖啡最初是在埃塞俄比亚的卡法（Kaffa）地区被栽培和食用的。咖啡被阿拉伯人发现后，迅速在其文化中传播开来。据考证，早在公元800年，阿拉伯半岛南部的也门就已经有了用于贸易的人工种植的咖啡树。公元1000年左右，阿拉伯人开始将绿色的咖啡豆放在滚水中煮沸成芳香饮料，称为"邦琼"（bunchum）。随着咖啡在阿拉伯世界的传播，人们逐渐开始将咖啡豆焙干、磨粉，并通过各种方式烹煮饮用。

（2）咖啡馆的诞生

在14世纪，阿拉伯半岛南部地区的人们开始在咖啡液中加糖、加奶等，开启了多种多样的饮用方式。到公元15世纪左右，咖啡已经成为一种大众饮料，在阿拉伯半岛南部广为传播。随着咖啡的普及，世界上第一家咖啡馆在15世纪的土耳其首都君士坦丁堡诞生。这些咖啡馆很快演变成人们聚会、聊天的场所，这一传统保持至今。

图 1.1　世界上第一家咖啡馆

2）咖啡向全球四大洲的传播

（1）欧洲

咖啡传入欧洲的时间大约在16世纪末至17世纪初。1599年，安东尼·雪利爵士从威尼斯航行到叙利亚的阿勒颇，在那里他第一次发现了咖啡。最终，意大利商人将咖啡从奥斯曼帝国带到了威尼斯，威尼斯成为欧洲最早接受咖啡的城市之一，随后咖啡迅速传遍了整个欧洲。意大利咖啡馆文化的兴起，使得咖啡馆成为人们社交和文化交流的重要场所。同时，咖啡也被带到了英国、法国、德国等国家，并在这些国家形成了各自独特的咖啡文化。

图 1.2　威尼斯咖啡馆

（2）美洲

1699年，荷兰人成功将铁皮卡咖啡树种引入印尼的爪哇岛，并在此基础上逐步扩展到美洲。这是咖啡在美洲大陆传播的重要一步。在18世纪，咖啡种植园在海地、法属圭亚那、巴西、牙买加和荷属东印度群岛等地逐渐发展起来。这些种植园不仅满足了当地人的需求，还促进了咖啡的全球贸易。

（3）非洲

波旁品种在非洲大陆广泛传播，特别是在肯尼亚和坦桑尼亚等地。

图 1.3　非洲坦桑尼亚咖啡园

（4）亚洲

17—19世纪，咖啡被引入印度、印度尼西亚、越南等国家。这些国家凭借适宜的气候和土壤条件，逐渐发展起自己的咖啡种植业。

图 1.4　印度尼西亚咖啡园

3）咖啡的现代传播与发展

随着经济全球化的发展，咖啡已经成为一种全球性的饮品。近年来，全球咖啡市场始终保持稳步增长，预计未来几年将继续以较高的年复合增长率增长。咖啡的消费量也在逐年增加，从日常饮品到社交活动的重要组成部分，咖啡在全球范围内的普及程度越来越高。

咖啡市场的竞争也日益激烈。大型连锁咖啡品牌如星巴克、Costa 等在全球范围内扩展其版图，推出各类新饮品和食品以保持市场竞争力。此外，精品咖啡市场的兴起也推动了咖啡文化的传播和发展。消费者对咖啡质量、来源和制作工艺的关注度不断提高，又进一步推动了精品咖啡市场的快速发展。

▶【素质提升】　　　　　　　**绿色咖啡，共筑可持续未来**

　　在21世纪的今天，随着气候变化与环境保护成为全球共识，咖啡行业作为世界性的经济与文化符号，正悄然经历着一场绿色革命。在这场变革中，可持续发展不再是一个遥远的概念，而是成为咖啡产业链上每一个参与者的行动指南。从遥远的咖啡种植园开始，可持续发展的理念便深深地植根于每一寸土地。咖农们采用有机耕作、轮作休耕等环保种植方式，减少化肥与农药的使用，保护土壤健康与生物多样性；关注水资源管理，确保咖啡树的灌溉不影响当地生态系统的平衡；通过手工采摘保证咖啡豆的成熟度与品质，同时减少机械作业对环境的破坏；在咖啡馆等实体店，实施使用可回收材料、推广自带杯具以及一系列减少一次性用品的环保措施等，这场绿色咖啡的革命，不仅是对传统咖啡文化的创新与升华，更是对人类共同未来的责任与担当。可持续发展不仅仅是一种理念或口号，更是一种行动与实践。在享受咖啡带来的愉悦与放松的同时，我们也应该思考如何减少对环境的不良影响，共同守护这个唯一的地球家园。

图1.5　环保咖啡馆

【任务考核】

1.任务完成

　　以小组为单位完成咖啡的起源的资料收集、整理，并以PPT、手绘海报或报告等形式，根据老师的指导，在课堂上进行展示和宣讲。各组进一步分享对世界咖啡的传播与发展的理解和感悟，总结所学内容，并反思咖啡的传播与发展对世界文化和人们生活有何影响。

2.评价与改进

以小组为单位，由组长组织，根据表中的要求对各组成员作出相应的评价，并对被评价的同学提出改进建议。

表 1.1　世界咖啡的传播与发展综合评价表

评价项目	评价内容	个人评价 ☺ 😐 ☹ □ □ □	小组评价 ☺ 😐 ☹ □ □ □	教师评价 ☺ 😐 ☹ □ □ □
任务准备工作	（1）个人任务分工完成情况 （2）个人综合职业素养	□ □ □ □ □ □	□ □ □ □ □ □	□ □ □ □ □ □
任务展示过程	课堂学习积极性	□ □ □	□ □ □	□ □ □
知识掌握	（1）咖啡在阿拉伯世界的传播	□ □ □	□ □ □	□ □ □
	（2）咖啡向全球四大洲的传播	□ □ □	□ □ □	□ □ □
	（3）咖啡的现代传播与发展	□ □ □	□ □ □	□ □ □
课后任务拓展	（1）拓展任务完成情况 （2）在线课程学习情况	□ □ □ □ □ □	□ □ □ □ □ □	□ □ □ □ □ □
学习态度	积极认真的学习态度	□ □ □	□ □ □	□ □ □
团队精神	（1）团队协作能力 （2）解决问题的能力 （3）创新能力	□ □ □ □ □ □ □ □ □	□ □ □ □ □ □ □ □ □	□ □ □ □ □ □ □ □ □
综合评价		☺ 😐 ☹ □ □ □		

任务2 中国咖啡的历史起源

在中国这片拥有悠久饮茶文化的土地上，咖啡这一源自埃塞俄比亚的饮品，以其独特的魅力与风味，逐渐融入了我们的日常生活，成为现代都市文化中不可或缺的一部分。本任务的学习旨在深入探索这一外来饮品如何在中国的土地上生根发芽，从最初的陌生与抵触，到如今成为被广泛接受的时尚饮品，其背后的历史变迁、文化传播、市场演变以及消费者行为的变化等诸多方面，都值得我们细细品味与研究。

【任务目标】

1.能简述中国咖啡的历史起源。

2.了解中国咖啡的传统文化。

3.提升对国产咖啡的认知，培养民族自豪感。

中国咖啡的
历史起源

【任务描述】

润心饮品研创社团收到一封来自学校咖啡爱好同学的邮件，邮件中提到，通过社团宣讲，同学们了解到咖啡发源于非洲的埃塞俄比亚，快速发展为世界三大饮品之一，一直以来咖啡都是西方饮品的代名词，那我们中国有没有属于自己的咖啡？咖啡最早进入中国是什么时候呢？为了宣传中国咖啡，社团的同学们决定做一期"中国咖啡"宣讲活动，在社团老师的帮助和指导下，同学们认真地进行理论知识的收集、整理和分析，并按照分工积极地做着准备。那么，他们应该从哪些方面进行准备才能圆满地完成此次宣讲任务呢？

【任务分析】

润心饮品研创社团要做好咖啡的起源文化的宣讲，首先，分组搜集中国咖啡的历史起源的相关资料，包括但不限于咖啡进入中国的时间、中国咖啡的种植历史等。其次，同学们需要将各组搜集到的资料进行整理，并以PPT、海报或视频等形式进行展示宣讲，邀请参与活动的同学分享自己对"中国咖啡的历史起源"的理解和感悟。

【任务实施】

1）咖啡被引入中国

咖啡作为一种饮品，大约在19世纪中叶被引入中国。据史料记载，咖啡最早是在清朝嘉庆年间通过广州的十三行传入中国的。当时，咖啡主要作为新鲜事物在外国人和少数中国上层社会人群中流行。

2）咖啡在中国的早期发展

（1）咖啡馆的初探

1836年，咖啡的香气首次在中国大陆飘散开来，这得益于一位丹麦人在广州十三行附近开设的咖啡馆。然而，这一新兴事物并未立即受到中国民众的欢迎，由于当时官府对国民接触洋文化的限制，这家咖啡馆几乎成了外国人的专属领地，鲜有中国客人踏足。

（2）咖啡知识的启蒙

直到1866年，中国出现了第一本与西餐相关的专业教材——《造洋饭书》。在这本书中，咖啡的烘焙与享用方法被首次介绍给中国厨师，书中详细指导了如何"烘好（咖啡），趁热加一点奶油"，这标志着咖啡文化开始在中国知识阶层中萌芽。

图1.6　中国早期咖啡馆

图1.7　早期提及咖啡的书籍

（3）台湾咖啡的萌芽

咖啡在中国的种植史也可追溯到19世纪末。据《中国咖啡史》记载，1884年（即光绪十年），英国茶商在台湾岛上种下100株咖啡树，并首次种植成功，这一成就不仅为中国的咖啡产业奠定了基础，也标志着咖啡文化在中国正式落地生根。

图1.8　台湾岛种植咖啡树

（4）咖啡馆的独立经营

1886年，中国第一家独立经营的咖啡馆——虹口咖啡馆在上海虹口区开业，这家咖啡馆的出现，进一步推动了咖啡文化在中国的传播，让更多的中国人有机会接触到这种来自异国的饮品。

图1.9　虹口咖啡馆

（5）云南咖啡种植的起步

1892年，一位法国传教士将咖啡种子带到了云南省大理白族自治州宾川县朱苦拉村，开启了云南咖啡的种植历史。云南凭借其得天独厚的地理位置和气候条件，逐渐成为中国咖啡产业的重要基地。

图1.10　云南省大理白族自治州宾川县朱苦拉村

（6）咖啡工业的诞生

随着咖啡在中国的种植和消费逐渐扩大，咖啡加工业也应运而生。1935年，中国第一家咖啡厂——上海德胜咖啡厂成立，这标志着中国咖啡产业向工业化、规模化迈出了重要一步。这家咖啡厂的建立，不仅满足了国内市场的需求，也为中国咖啡文化的传播和发展提供了有力的支持。

图 1.11　上海德胜咖啡厂出品的产品

▶【素质提升】　　　　　中国福山咖啡的传奇色彩

　　中国福山咖啡的历史可以追溯到 20 世纪 30 年代，这段历史充满了传奇色彩，与一位爱国华侨的辛勤耕耘密不可分。1933 年，印尼华侨陈显彰在实业救国思想的感召下，来到海南岛考察。他认定澄迈福山地区"平芜绵邈，泉甘土肥，四季常绿，交通方便"，是发展热带种植业的理想场所。1935 年，陈显彰在福山镇大吉村创办福民农场，并成功引种咖啡树，开启了福山咖啡的历史。他带回的罗伯斯塔咖啡种子在福山地区成功种植，也因此成为福山咖啡的创始人和中国成功规模引种并实现产业化生产咖啡的第一人。

图 1.12　中国福山咖啡

【任务考核】

1.任务完成

　　以小组为单位完成咖啡的起源的资料收集、整理，并以 PPT、手绘海报或报告等形式，根据老师的指导，在课堂上进行展示和宣讲，分享各组对"中国咖啡的历史起源"的理解和感悟，总结所学内容，并反思咖啡的传播与发展对世界文化和人们的生活有何影响。

2.评价与改进

以小组为单位，由组长组织，根据表中的要求对各组成员作出相应的评价，并对被评价的同学提出改进建议。

表1.2　中国咖啡的历史起源综合评价表

评价项目	评价内容	个人评价	小组评价	教师评价
		☺ ☺ ☹	☺ ☺ ☹	☺ ☺ ☹
任务准备工作	（1）个人任务分工完成情况	□ □ □	□ □ □	□ □ □
	（2）个人综合职业素养	□ □ □	□ □ □	□ □ □
任务展示过程	课堂学习积极性	☺ ☺ ☹ □ □ □	☺ ☺ ☹ □ □ □	☺ ☺ ☹ □ □ □
知识掌握	（1）咖啡被引入中国	☺ ☺ ☹ □ □ □	☺ ☺ ☹ □ □ □	☺ ☺ ☹ □ □ □
	（2）咖啡在中国的早期发展	☺ ☺ ☹ □ □ □	☺ ☺ ☹ □ □ □	☺ ☺ ☹ □ □ □
课后任务拓展	（1）拓展任务完成情况	☺ ☺ ☹ □ □ □	☺ ☺ ☹ □ □ □	☺ ☺ ☹ □ □ □
	（2）在线课程学习情况	□ □ □	□ □ □	□ □ □
学习态度	积极认真的学习态度	☺ ☺ ☹ □ □ □	☺ ☺ ☹ □ □ □	☺ ☺ ☹ □ □ □
团队精神	（1）团队协作能力	☺ ☺ ☹ □ □ □	☺ ☺ ☹ □ □ □	☺ ☺ ☹ □ □ □
	（2）解决问题的能力	□ □ □	□ □ □	□ □ □
	（3）创新能力	□ □ □	□ □ □	□ □ □
综合评价		☺ ☺ ☹ □ □ □		

任务3 中国咖啡的崛起

中国咖啡的崛起

【任务目标】

1. 了解中国咖啡的发展历程。
2. 能熟练讲述云南咖啡、台湾咖啡、海南咖啡等发展历史。
3. 提升对国产咖啡的认知，培养民族自豪感。

【任务描述】

润心饮品研创社团的同学们为了进一步宣传国产咖啡，做好国产咖啡的宣讲工作，在前期整理的中国咖啡的历史起源相关资料的基础上，继续查阅书籍、网络资源了解中国咖啡产业的现状，整理了相关数据，发现中国咖啡产业规模持续增长，2023年产值达2 654亿元；咖啡消费者规模不断扩大，2023年国内咖啡消费者总数约为3.99亿人；2023年全国咖啡门店总数约15.7万家，其中上海咖啡门店数全国领先，2023年总计9 553家。国产咖啡品牌扩张迅速，覆盖各级城市消费人群。社团的同学们为中国咖啡产业的快速发展感到骄傲和自豪，在社团老师的帮助和指导下，同学们按照分工继续准备，他们应该从哪些方面进行准备才能圆满地完成此次宣讲任务呢？

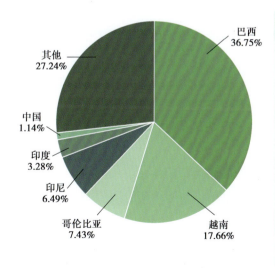

全球咖啡产量分布　　　　　　　　　　　　　　　单位：千袋

国家	全球生咖啡产量	占比
全球	174 950	100%
巴西	64 300	36.75%
越南	30 900	17.66%
哥伦比亚	13 000	7.43%
印尼	11 350	6.49%
印度	5 740	3.28%
中国	2 000	1.14%
其他	47 660	27.24%

数据来源：Wind USDA，消费界整理

图1.13　全球咖啡产量分布

【任务分析】

润心饮品研创社团要圆满完成国产咖啡的宣讲活动，首先，分组搜集中国咖啡的现状与发展的相关资料，包括但不限于云南咖啡、台湾咖啡、海南咖啡等。其次，同学们需要将各组搜集到的资料进行整理，并以PPT、报告或视频等形式进行展示宣讲，邀请参与活动的同学分享自己对"中国咖啡的崛起"的理解和感悟。

【任务实施】

1）中国咖啡近现代发展历程

随着全球化的加速和国际贸易的繁荣，咖啡这一源自西方的饮品，在近现代时期开始在中国大地上生根发芽，并逐渐形成了独特的文化现象。

近代以来，作为西方文化象征的咖啡，开始被少数上层社会人士接受。这些早期的咖啡消费者主要是外籍人士、传教士以及部分开明的中国知识分子和商人。他们通过品尝咖啡，不仅满足自身味蕾上的享受，更在无形中促进了中西文化的交流与融合。

随着时间的推移，咖啡逐渐从上层社会走向民间，成为更多中国人日常生活中的一部分。尤其是在近现代城市化的进程中，咖啡馆作为社交和休闲的重要场所，开始在中国各大城市如雨后春笋般涌现。这些咖啡馆不仅提供了优质的咖啡产品，更成为人们交流思想、放松心情的绝佳去处。消费者对咖啡的需求也日益多样化。从传统的意式咖啡到各种创意咖啡饮品，从连锁咖啡品牌到独立咖啡馆，市场上涌现出了众多满足不同消费者需求的咖啡产品和服务。

图1.14 1940年的青岛咖啡厅

图 1.15　上海随处可见的咖啡店

近年来，中国已成为咖啡重要的消费国和生产国，中国咖啡消费以每年 15% 的速度快速增长，成为全球咖啡消费增长最快的市场之一。2022 年中国位列全球第七大咖啡消费市场，中国咖啡进口量为 17.53 万吨，进口金额为 73.86 亿元。2023 年底，研究机构"世界咖啡门户"（World Coffee Portal）发布的数据显示，中国咖啡品牌在全球的门店总量达到 4.97 万家，跃居全球第一，中国超越美国成为全球最大的品牌咖啡店市场。

2）中国各产地咖啡的发展

（1）云南咖啡

云南省咖啡产业的辉煌历程始于 1892 年，当时法国传教士将咖啡豆自越南引入大理白族自治州宾川县朱苦拉村，这些珍贵的咖啡种子在宾川县繁衍至今，目前仍有三十多株咖啡植株枝繁叶茂，开花结果。1893 年，中缅边境景颇族边民则通过缅甸途径，将咖啡引入德宏傣族景颇族自治州瑞丽市弄贤寨进行种植，进一步丰富了云南咖啡的种植版图。

图 1.16　云南的咖啡种植环境　　　　　　　　图 1.17　云南的咖啡种植区

1952 年，云南省农业科学院热带亚热带经济作物研究所从德宏傣族景颇族自治州芒市遮放镇引进咖啡至保山市潞江坝进行试种，标志着云南咖啡产业向科学化、规模化发展的初步探索。自 1988 年起，随着雀巢、麦氏、星巴克等国际咖啡巨头的进驻，以及地方政府的积极扶持，云南咖啡产业迎来了快速发展的黄金时期。

历经近七十年的耕耘与积累，云南已跃居中国咖啡产业的领头羊地位，成为全国最大的咖啡种植、贸易集散及出口基地。云南咖啡以其"香而不烈、浓而不苦、略带果酸"的独特风味，在国内外市场上赢得了广泛赞誉，并成功获得了"保山小粒咖啡""朱苦拉咖啡""德宏小粒咖啡""普洱小粒咖啡"及"思茅咖啡"五个地理标志保护产品的认证，彰显了其卓越的品质与深厚的文化底蕴。

图1.18　云南保山小粒咖啡

图1.19　享誉世界的云南小粒咖啡

　　云南以其得天独厚的自然条件稳坐中国咖啡产业的龙头位置，成为中国最大的咖啡种植区，种植面积、产量均占全国的98%以上。随着市场影响力的日益增强，云南咖啡吸引了众多国际品牌、本土企业及新兴势力的关注与投入。为进一步提升云南精品咖啡的品牌知名度和市场竞争力，2022年，《云南省精品咖啡庄园认定管理办法（试行）》应运而生，旨在推动咖啡产业与文旅深度融合，打造集种植、加工、品鉴、文化传播于一体的咖啡庄园。2023年，云南省连续出台了包括《云南省咖啡产业绿色发展政策支持资金申报指南》在内的四个重要政策文件，为咖啡鲜果集中处理、精深加工、庄园建设及品种更新等方面提供了全方位的资金支持与政策引导，旨在推动云南咖啡产业向更高质量、更绿色、更可持续的方向发展。

图1.20　位于保山市潞江坝高黎贡山下坝湾村中心的新寨咖啡庄园

（2）台湾咖啡

台湾，这座镶嵌在北回归线上的宝岛，以其独特的亚热带气候和丰富的地理环境，孕育了众多令人称奇的农产品，咖啡便是其中的佼佼者。早在1884年，隶属于英国东印度公司的德记洋行便洞察了台湾种植咖啡的潜力，从菲律宾马尼拉引进了阿拉比卡咖啡苗木，在台北海山堡和冷水坑试种，开启了台湾咖啡种植的先河。这是中国台湾文献中最早关于咖啡种植的记录，标志着台湾咖啡产业的诞生。

图 1.21　台湾咖啡的故乡云林县古坑乡荷苞山上的咖啡

进入20世纪90年代末期，台湾南投县遭遇了一场世纪大地震，农业遭受了前所未有的打击。然而，在这场灾难之后，云林县古坑乡的农民们却从废墟中找到了希望——他们重新种植了那些尘封多年的咖啡树，为台湾咖啡产业带来了新的生机。随后，南投国姓乡、屏东泰武乡等地也纷纷加入咖啡种植的行列，共同推动了台湾咖啡产业的复兴与发展。

台湾咖啡产业之所以能够在逆境中崛起，离不开岛内对本地咖啡种植的重视与扶持。从种植、生产到烘焙，每一个环节都精益求精，力求打造出具有台湾特色的单一口味咖啡。这些咖啡不仅品质上乘，而且数量稀少，成为市场上备受追捧的珍贵产品。如今，在台湾的云林县、南投县、台东县、屏东县、嘉义市、台南市、高雄市、花莲县、台中市等地，都可以看到咖啡种植区，它们如同一颗颗璀璨的明珠，点缀在台湾的土地上。

图 1.22　位于南投国姓乡的百胜村咖啡庄园

台湾的咖农们深知"新鲜"是咖啡的灵魂所在，因此他们积极倡导建立具有当地特色的咖啡庄园，通过精细化管理提高咖啡的品质与口感。一大批优秀的台湾咖啡人在国际咖啡赛事上屡获殊荣，成为台湾咖啡的"活名片"，更以他们的专业知识和热情服务吸引了无数咖啡爱好者的关注与喜爱。如今，台湾已经开始走上了亚洲精品咖啡产地的道路，人们在世界各地的咖啡馆里都能品尝到地道的台湾咖啡风味，感受到那份来自宝岛的独特韵味与温情。

（3）海南咖啡

海南岛凭借其独特的热带季风气候和肥沃的火山灰质土壤，孕育出高品质咖啡的种植奇迹。这里是罗布斯塔种咖啡（中粒种咖啡）生长的天堂，其疏松、肥沃、富含有机质的土壤为咖啡树提供了得天独厚的生长条件。

图1.23　位于琼中黎族苗族自治县黎母山下的海南农垦热作咖啡种植基地

海南咖啡的种植历史源远流长，最早可追溯至1898年，文昌市南阳镇石人坡村的农民邝世联从马来西亚带回了咖啡种子，并成功种植了12株咖啡树，这些古老的咖啡树见证了海南咖啡的萌芽与成长。真正开启海南大规模咖啡种植历史的，则是爱国华侨陈显彰先生。1935年，他怀着"振兴实业，实业救国"的宏伟抱负，从印度尼西亚引进了约200千克的罗布斯塔咖啡种子，在福山大吉村创办了"福民农场"，为海南咖啡产业的发展奠定了坚实的基础。澄迈福山也因此成为海南现代咖啡种植的起点。

图1.24　爱国华侨陈显彰先生

随着时间的推移，海南咖啡逐渐崭露头角，赢得了国内外消费者的青睐。其中，兴隆咖啡更是成为海南咖啡的代表品牌。据《海南日报》报道，1960 年 2 月 7 日，周恩来总理在视察兴隆农场时品尝了兴隆咖啡，并给予了高度评价："兴隆咖啡是世界一流的，我喝过许多外国咖啡，还是我们自己种的咖啡好喝。"总理的赞誉为兴隆咖啡赢得了极高的声誉。[①]

如今，海南咖啡产业已经发展成了一条集种植、加工、销售于一体的完整产业链。在政府的扶持和企业的努力下，海南咖啡的品质不断提升，品牌影响力持续扩大。同时，随着旅游业的蓬勃发展，越来越多的游客来到海南，品尝地道的海南咖啡，感受那份来自热带的醇厚与香浓。海南咖啡，正以它独特的魅力，吸引着世界的目光，成为一张亮丽的海南名片。

图 1.25　位于黎母山腹地的海南农垦母山咖啡生产基地

▶【素质提升】　　　　　书写咖啡专业人才的青春华章

2024 年，云南农业大学"咖啡科学与工程"专业成功列入普通高等学校本科专业目录，在全国乃至全球开创咖啡本科人才培养先河。这一事件不仅标志着我国高等教育在特色化、专业化道路上迈出了坚实的一步，更为全球咖啡产业的人才培养树立了新的标杆。面对这一历史性的机遇，作为咖啡专业的学子，应当树立远大而清晰的目标，扎实学科基础，练好专业技能，不断提升自己的专业素养和综合能力，争取升入高等学府并获得更高层次的深造与历练。让我们在咖啡的香气中书写青春的华章，为实现中华民族伟大复兴的中国梦贡献自己的力量！

---

① 佚名.海南咖啡的 N 个第一［N］.海南日报，2023-01-09（20）.

图1.26　位于云南普洱的云南农业大学热带作物学院

【任务考核】

1.任务完成

以小组为单位完成咖啡的起源的资料收集、整理，并以PPT、手绘海报或报告等形式，根据老师的指导，在课堂上进行展示宣讲，分享各组对"中国咖啡的崛起"的理解和感悟，总结所学内容，并反思咖啡的传播与发展对世界文化和人们的生活有何影响。

2.评价与改进

以小组为单位，由组长组织，根据表中的要求对各组成员作出相应的评价，并对被评价的同学提出改进建议。

表1.3　中国咖啡的崛起综合评价表

评价项目	评价内容	个人评价	小组评价	教师评价
任务准备工作	（1）个人任务分工完成情况 （2）个人综合职业素养	☺ ☺ ☹ ☐ ☐ ☐ ☐ ☐ ☐	☺ ☺ ☹ ☐ ☐ ☐ ☐ ☐ ☐	☺ ☺ ☹ ☐ ☐ ☐ ☐ ☐ ☐
任务展示过程	课堂学习积极性	☺ ☺ ☹ ☐ ☐ ☐	☺ ☺ ☹ ☐ ☐ ☐	☺ ☺ ☹ ☐ ☐ ☐
知识掌握	（1）中国咖啡近现代发展历程	☺ ☺ ☹ ☐ ☐ ☐	☺ ☺ ☹ ☐ ☐ ☐	☺ ☺ ☹ ☐ ☐ ☐
	（2）中国各产地咖啡的发展	☺ ☺ ☹ ☐ ☐ ☐	☺ ☺ ☹ ☐ ☐ ☐	☺ ☺ ☹ ☐ ☐ ☐

续表

评价项目	评价内容	个人评价	小组评价	教师评价
课后任务拓展	（1）拓展任务完成情况 （2）在线课程学习情况	☺ ☺ ☹ □ □ □ □ □ □	☺ ☺ ☹ □ □ □ □ □ □	☺ ☺ ☹ □ □ □ □ □ □
学习态度	积极认真的学习态度	☺ ☺ ☹ □ □ □	☺ ☺ ☹ □ □ □	☺ ☺ ☹ □ □ □
团队精神	（1）团队协作能力 （2）解决问题的能力 （3）创新能力	☺ ☺ ☹ □ □ □ □ □ □ □ □ □	☺ ☺ ☹ □ □ □ □ □ □ □ □ □	☺ ☺ ☹ □ □ □ □ □ □ □ □ □
综合评价		☺ ☺ ☹ □ □ □		

项目 2

认识精品咖啡

【导读】

　　自20世纪初以来，咖啡行业历经了从速食化到精品化再到美学化的三波浪潮，如今正屹立于第四波浪潮的前沿。在国内，咖啡消费正趋向多元化与精致化，精品咖啡的概念如同清新之风，迅速融入并丰富了人们的生活。众多咖啡爱好者不仅钟情于品尝咖啡，更热衷于亲手冲泡咖啡，并将咖啡融入日常生活。

　　精品咖啡，已成为一种融合了匠心独运与艺术创造的手工艺品。豆子从种植、采摘，再到烘焙、冲泡，每一步都蕴含着匠人的热情与智慧。精品咖啡不仅是单一产地的纯粹黑咖啡，更是产地文化、地域特色和精湛技艺的完美结合。

图 2.1　精品咖啡

　　本模块将引领大家深入精品咖啡的世界，从香气、味道、酸度、甜度到余韵，全面解析其独特魅力。我们将探讨不同产地对咖啡风味的影响，理解地域差异赋予咖啡的独特个性。让我们一同踏上这场探索之旅，聆听每颗咖啡豆背后的故事，品味每一杯咖啡带来的非凡韵味与极致享受。

【项目背景】

　　在2017年世界咖啡冲煮大赛（WBrC）的荣耀时刻，冠军王策深情道出："对我而言，喝过滤咖啡，是连接庄园与客人的桥梁。优秀的咖啡师，不仅限于冲泡一杯佳酿，更在于探索与联结，唤醒我们内心对咖啡的热爱与执着，将那份温暖直接传递到每位顾客手中。"精品咖啡，正是这样一种追求极致的体现，它要求咖农、咖啡师们在每一个环节上都精益求精。

　　从咖啡树在肥沃的土地上茁壮成长，到果实成熟时的精心采摘；从生豆的细致处理，到烘焙时的火候掌控；再到成为一杯精品咖啡的制作与呈现，每一步都紧密相连，缺一不可，它们共同铸就了咖啡的卓越品质。本项目致力于深入剖析精品咖啡的内涵，揭示其评定标准的奥秘，引领同学们踏上一场从种子到杯子的奇妙旅程。

图 2.2　2017年世界咖啡冲煮大赛（WBrC）
冠军王策

图 2.3　口感纯正的精品咖啡

【项目目标】

1.定义解读：明确精品咖啡的概念，理解其不同于普通咖啡的独特之处。

2.标准学习：掌握精品咖啡的评定标准。

3.过程体验：通过模拟或实地考察，让同学们亲身体验精品咖啡从种子到杯子的全过程。

4.文化感知：增强同学们对精品咖啡文化的理解，感受精品咖啡背后的文化故事与地域特色。

5.技能提升：培养同学们在小组合作、咖啡品鉴及文化传播方面的能力。

【学习建议】

1.文化交流：组织咖啡文化沙龙，邀请咖啡师、咖啡庄园主或行业专家进行分享，促进同学们之间的交流与学习。

2.网络学习：利用网络资源如各类在线精品课程、视频教程和国际咖啡组织、世界咖啡研究所等官方网站，了解咖啡行业的最新动态和趋势。

3.项目总结与展示：同学们以小组形式总结学习成果，撰写项目报告或制作PPT进行展示，分享自己对精品咖啡的理解与感悟。

任务1　精品咖啡的定义

【任务目标】

1.明确精品咖啡的定义。

2.掌握精品咖啡的关键属性。

3.激发对卓越咖啡品质的追求，培养精益求精的工匠精神。

【任务描述】

近期，润心饮品研创社团在沙龙活动中捕捉到同学们的普遍困惑：咖啡已成为校园生活中不可或缺的饮品，但面对市场上琳琅满目的咖啡产品，如速溶咖啡、咖啡液、挂耳咖啡及各式咖啡豆等，大家往往感到无从下手。不少同学提出疑问："究竟何为精品咖啡？""在众多咖啡种类与品牌中，初学者如何快速成长为行家？"

为了积极响应这一需求，社团成员在教师的悉心指导下，正紧锣密鼓地搜集、整理并深入分析精品咖啡的相关理论知识。为了确保内容既全面又易于理解，社团成员正积极筹备，他们应该从哪些方面为同学们进行解读才能让他们理解明白呢？

【任务分析】

润心饮品研创社团要做好精品咖啡的宣传，首先，分组重点搜集权威机构如精品咖啡协会（SCA）、权威赛事如"卓越杯"（CoE）对精品咖啡的定义等相关资料。同时，可拓展至精品咖啡概念的演进、常见精品咖啡等方面的知识，以丰富展示内容。其次，同学们需要将各组搜集到的资料进行整理，并以PPT、手绘图等形式进行展示宣讲，邀请参与活动的同学分享自己对精品咖啡概念的理解和感悟。

【任务实施】

1）精品咖啡概念的演进

"精品咖啡"（Specialty Coffee）这一术语最初由旧金山爱尔兰咖啡公司的采购专家娥娜·努森（Erna Knutsen）女士于1974年在《茶与咖啡月刊》（*Tea & Coffee Trade Journal*）杂志中正式提出。她将精品咖啡定义为"在特殊地理条件及微气候下产生的具有独特风味的咖啡豆"。努森女士的观察揭示了并非所有咖啡都千篇一律，那些风味独特、品质上乘的咖啡，正是她所指的精品咖啡。

实际上，从咖啡饮用的历史来看，人们最初享用的很可能就是这类精品咖啡。然而，随着咖啡需求量的激增和新品种的引入，咖啡的品质逐渐下滑，甚至导致消费者转而寻找其他饮品。努森女士的倡导重新唤起了人们对精品咖啡的价值的认识，进而引发了精品咖啡的复兴热潮。在美国，以星巴克为代表的企业纷纷涌现，致力于提供高品质的精品咖啡体验。

图2.4　世界最大的星巴克在上海

进入20世纪90年代，精品咖啡市场迎来了快速发展期。随着零售商和咖啡馆数量的激增，精品咖啡迅速成为餐饮服务行业增长最为迅速的市场之一。到2007年，仅在美国市场，精品咖啡的销售额就已达到125亿美元，彰显了其强大的市场潜力和增长动力。

全球范围内的咖啡生产国和进口国也纷纷意识到精品咖啡市场的巨大商机，不断加大在精品咖啡生产和制作方面的投入。为了规范市场，美国精品咖啡协会于2009年从品质层面为咖啡生豆设定了严格的标准，包括无一级瑕疵，二级瑕疵不得超过5个或350克生豆样本，杯测分数不得低于80分等，从而为精品咖啡建立了更为科学、客观的衡量标准。这一举措进一步推动了精品咖啡市场的健康发展。

2）精品咖啡的权威定义

在2021年，全球范围内享有盛誉的精品咖啡协会通过其发布的《重新定义精品咖啡白皮书》，为精品咖啡给出了一个清晰而全面的定义："精品咖啡是一种以其独特的属性而广受认可的咖啡或咖啡体验，这些独特属性赋予了它在市场上显著的附加价值。"这一定义不仅强调了精品咖啡的独特风味与价值，还突出了从生产到消费全链条中各环节的合作、规范与持续进步的重要性。具体而言，精品咖啡的打造涉及以下几个方面的关键属性。

（1）无瑕疵的优质咖啡豆

精品咖啡的基石在于其使用的咖啡豆必须是无瑕疵的优质豆子。这些豆子不仅要求没有不良风味，而且需具备出众的香气与口感，即"味道特别好"，而非仅仅"没有坏的味道"。

图2.5　无瑕疵的优质咖啡豆

（2）优良的咖啡品种

精品咖啡豆通常来源于特定的优良品种，如原始的铁皮卡（Typica）、波旁（Bourbon）及其自然突变种等。这些树种所产出的咖啡豆，以独特的香气与风味而著称，远非一般树种所能比拟。然而，这些优良品种的产量相对较低，进一步凸显了精品咖啡的珍稀性。

（3）极致的生长环境

精品咖啡豆的生长环境极为讲究，一般位于海拔较高的地区，享有适宜的降水、日照、气温及土壤条件。某些世界知名的精品咖啡豆还受益于独特的地理环境，如蓝山地区的高山云雾、科纳地区的午后"飞来之云"等自然奇观，为咖啡豆的生长提供了得天独厚的条件。

（4）精细的人工采收

为了确保咖啡豆的品质与一致性，精品咖啡通常采用人工采收的方式。这意味着只采摘完全成熟的咖啡果，避免成熟度不同的果实混杂在一起。在收获季节，需要频繁且细致地进行手工采摘作业，以确保每一颗咖啡豆都能达到最佳状态。

图2.6　铁皮卡、波旁咖啡品种　　　　　图2.7　人工采收咖啡豆

▶【素质提升】　　　　　　　　　孟连咖啡的乡村振兴之路

在云南普洱市的怀抱中，孟连傣族拉祜族佤族自治县以其独特的地理优势与不懈的努力，书写了一部关于咖啡与乡村振兴的动人篇章。这里，咖啡不仅仅是一种农作物，更是推动地方经济发展、促进农民增收、提升县域品牌形象的"金色引擎"。

孟连傣族拉祜族佤族自治县，这片被南亚热带季风气候温柔以待的土地，年均气温稳定在20.1摄氏度，为咖啡的生长提供了得天独厚的自然条件。约70%的咖啡种植区位于海拔1 300~1 700米，这样的低纬度、高海拔环境，加之充足的日照，共同孕育了"孟连咖啡"的高品质与独特风味。因此，孟连被誉为"阿拉比卡的天堂"，被公认为"世界上最适合咖啡生长的地方之一"，此地生产的孟连咖啡在全球咖啡产业中占据了举足轻重的地位，是行业公认的"质量最好的咖啡产区"之一。

从20世纪80年代引入咖啡种植至今，孟连傣族拉祜族佤族自治县历经数十年的探索与实践，咖啡产业实现了从无到有、从弱到强的华丽蜕变。特别是近年来，孟连傣族拉祜族佤族自治县坚定不移地走精品咖啡路线，通过提升种植技术、优化品种结构、加强品牌建设等措施，不断提升咖啡品质与市场竞争力。如今，孟连咖啡精品率已高达62%，连续三年稳居云南省首位，成为推动地方经济高质量发展的重要力量。

在咖啡产业的带动下，孟连傣族拉祜族佤族自治县实现了农业增效、农民增收、农村繁荣的良性循环。全县6个乡镇、37个村民委员会、416个村民小组的16 081户农户，共计61 000人因咖啡产业而受益，咖啡已成为他们增收致富的"金果果"。

图2.8　云南省普洱市孟连傣族拉祜族佤族自治县咖啡丰收

【任务考核】

1.任务完成

以小组为单位完成咖啡的起源的资料收集、整理，并以PPT、海报或视频等形式，根据老师的指导，在课堂上进行展示宣讲，分享各组对精品咖啡定义的理解和感悟，总结所学内容，并反思精品咖啡普及与发展的启示和意义。

2.评价与改进

以小组为单位，由组长组织，根据表中的要求对各组成员作出相应的评价，并对被评价的同学提出改进建议。

表2.1　精品咖啡的定义综合评价表

评价项目	评价内容	个人评价	小组评价	教师评价
任务准备工作	（1）个人任务分工完成情况 （2）个人综合职业素养	☺ ☺ ☹ □ □ □ □ □ □	☺ ☺ ☹ □ □ □ □ □ □	☺ ☺ ☹ □ □ □ □ □ □
任务展示过程	课堂学习积极性	☺ ☺ ☹ □ □ □	☺ ☺ ☹ □ □ □	☺ ☺ ☹ □ □ □
知识掌握	（1）精品咖啡概念的演进	☺ ☺ ☹ □ □ □	☺ ☺ ☹ □ □ □	☺ ☺ ☹ □ □ □
	（2）精品咖啡的定义	☺ ☺ ☹ □ □ □	☺ ☺ ☹ □ □ □	☺ ☺ ☹ □ □ □
	（3）精品咖啡的关键属性	☺ ☺ ☹ □ □ □	☺ ☺ ☹ □ □ □	☺ ☺ ☹ □ □ □

续表

评价项目	评价内容	个人评价	小组评价	教师评价
课后任务拓展	(1) 拓展任务完成情况 (2) 在线课程学习情况	☺ ☺ ☹ ☐ ☐ ☐ ☐ ☐ ☐	☺ ☺ ☹ ☐ ☐ ☐ ☐ ☐ ☐	☺ ☺ ☹ ☐ ☐ ☐ ☐ ☐ ☐
学习态度	积极认真的学习态度	☺ ☺ ☹ ☐ ☐ ☐	☺ ☺ ☹ ☐ ☐ ☐	☺ ☺ ☹ ☐ ☐ ☐
团队精神	(1) 团队协作能力 (2) 解决问题的能力 (3) 创新能力	☺ ☺ ☹ ☐ ☐ ☐ ☐ ☐ ☐ ☐ ☐ ☐	☺ ☺ ☹ ☐ ☐ ☐ ☐ ☐ ☐ ☐ ☐ ☐	☺ ☺ ☹ ☐ ☐ ☐ ☐ ☐ ☐ ☐ ☐ ☐
综合评价	☺ ☺ ☹ ☐ ☐ ☐			

任务2　精品咖啡的评定标准

【任务目标】

1. 清晰界定精品咖啡的评定标准。

2. 了解精品咖啡生产国的评定标准以及精品咖啡的评分机制。

3. 提升知识分享的精确性，增强信息归纳整理能力。

【任务描述】

　　在润心饮品研创社团的同学们整理精品咖啡相关资料期间，有一个问题困扰着他们，国产优质咖啡的代表有云南小粒咖啡，国外的哥伦比亚、埃塞俄比亚咖啡豆等，它们来自不同产区，都拥有各自独特的风味，那么从这些产区挑选出高品质豆子制作出来的咖啡，是不是就可以被称作精品咖啡？精品咖啡的评定标准是什么呢？在社团老师的指导下，社团同学们围绕精品咖啡评定标准这个问题进行深入调查。大家快加入他们的团队一起探索吧。

【任务分析】

　　润心饮品研创社团要做好世界咖啡传播与发展的报告，首先，分组搜集关于精品咖啡评定标准的相关资料，包括但不限于精品咖啡的评定标准、精品咖啡的评分机制等。其次，同学们需要将各组搜集到的资料进行整理，并以PPT、报告或手绘海报等形式进行展示宣讲，邀请参与活动的同学分享自己对"精品咖啡"更深层的理解和感悟。

【任务实施】

1）精品咖啡的评定标准

精品咖啡协会对精品咖啡的评定标准如下：

（1）是否具有丰富的干香气（Fragrance）

干香气是指咖啡烘焙后或者研磨后的香气。

（2）是否具有丰富的湿香气（Aroma）

湿香气是指咖啡萃取液的香气。

（3）是否具有丰富的酸度（Acidity）

酸度是指咖啡的酸味，丰富的酸味和糖分结合能够增加咖啡液的甘甜味。

（4）是否具有丰富的醇厚度（Body）

醇厚度是指咖啡液的浓度与重量感。

（5）是否具有丰富的余韵（Aftertaste）

余韵是指咖啡的余韵，根据喝下或者吐出后的风味如何做评价。

（6）是否具有丰富的滋味（Flavor）

滋味是指以上腭感受咖啡液的香气与味道，了解咖啡的滋味。

（7）味道是否均衡

均衡是指咖啡各种味道之间的均衡度和结合度。

2）精品咖啡生产国的评定标准

（1）精品咖啡的品种

优选阿拉比卡固有品种，如铁皮卡或波旁品种。

（2）栽培地或农场的自然环境

需明确海拔、地形、气候及土壤类型，通常高海拔地区的咖啡品质更佳，肥沃的火山土则更为理想。

（3）采收与精制方法

建议采用人工采收方式及水洗式精制法，以确保咖啡的品质。

3）精品咖啡的评分机制

精品咖啡协会对精品咖啡的衡量标准主要包含两大要素：一是咖啡豆的可追溯性，二是咖啡品质需达到特定标准。具体而言，精品咖啡是指由经过培训的Q-Grader（国际咖啡品鉴师）在标准记分表中评定分数达到80分或更高（满分100分）的咖啡。

咖啡杯测作为一种专业的感官评测方法，通过系统的感官训练和标准化的流程，从多个维度评估咖啡的风味属性。这一过程不仅要求品鉴师具备专业水平，还需采用科学方法以确保评估的准确性和客观性。通过将原先主观性较强的评价标准转化为具体的杯测数据，杯测为咖啡的日常购买与销售提供了具有实际价值的参考依据。

图 2.9　咖啡杯测

　　在杯测过程中，各项技术参数如水量、溶解固体总量、温度、咖啡量、研磨大小及冲泡时间均受到严格调控。品鉴师需至少评估五份咖啡样品，并依据干/湿香气、风味、余韵、酸质、均衡度、甜度、口感、干净度和综合评价等标准对每份样品进行打分。最终，所有分数汇总后，若咖啡总分达到80分或以上，即被认定为精品咖啡；反之，则通常归类为商业咖啡。

▶【素质提升】　**领略中国咖啡风采，激发民族自信之光**

　　近年来，中国云南咖啡豆以其卓越品质在国际舞台上大放异彩，不仅赢得了国际咖啡界的广泛赞誉，更激发了国人对本土咖啡文化的自豪与自信。自2016年世界咖啡泰斗、美国精品咖啡协会前主席特德·林格尔（Ted Lingle）为云南咖啡豆打下了87分的超高分以来，云南咖啡豆便开启了其闪耀的国际征程。2018年国际咖啡品鉴者协会（IIAC）主办的国际咖啡品鉴大赛（ICT）中，经过来自18个国家和地区的评鉴委员严格盲测后，云南咖啡豆从300多个同类产品中脱颖而出，斩获金奖。同年《纽约时报》开始为云南咖啡豆进行专栏报道，盛赞云南咖啡豆具有饱满纯度和令人满意的黑巧克力风味。2021年世界咖啡师大赛中国区选拔赛中咖啡师潘玮用云南咖啡豆获得冠军，2022第七届云南咖啡生豆大赛暨第十届普洱咖啡生豆大赛中，云南咖啡豆杯测平均分数由2015年的79.95提升至81.69；参赛咖啡精品率从50%提高到93.39%，都无一不彰显着云南咖啡豆的国际竞争力与独特魅力。随着中国咖啡产业的不断发展与壮大，云南咖啡豆将继续在国际舞台上绽放光彩，成为展现中国咖啡魅力、唤醒民族自信的重要力量。

【任务考核】

1.任务完成

以小组为单位完成咖啡的起源相关资料的收集、整理，并以 PPT、手绘海报或报告等形式，根据老师的指导，在课堂上进行展示宣讲，分享各组对精品咖啡的评分标准的理解和感悟，总结所学内容，并探讨中国精品咖啡的品牌发展之路。

2.评价与改进

以小组为单位，由组长组织，根据表中的要求对各组成员作出相应的评价，并对被评价的同学提出改进建议。

表 2.2　精品咖啡的评定标准综合评价表

评价项目	评价内容	个人评价	小组评价	教师评价
任务准备工作	（1）个人任务分工完成情况 （2）个人综合职业素养	☺ ☺ ☹ □ □ □ □ □ □	☺ ☺ ☹ □ □ □ □ □ □	☺ ☺ ☹ □ □ □ □ □ □
任务展示过程	课堂学习积极性	☺ ☺ ☹ □ □ □	☺ ☺ ☹ □ □ □	☺ ☺ ☹ □ □ □
知识掌握	（1）精品咖啡的评定标准	☺ ☺ ☹ □ □ □	☺ ☺ ☹ □ □ □	☺ ☺ ☹ □ □ □
	（2）精品咖啡生产国的评定标准	☺ ☺ ☹ □ □ □	☺ ☺ ☹ □ □ □	☺ ☺ ☹ □ □ □
	（3）精品咖啡的评分机制	☺ ☺ ☹ □ □ □	☺ ☺ ☹ □ □ □	☺ ☺ ☹ □ □ □
课后任务拓展	（1）拓展任务完成情况 （2）在线课程学习情况	☺ ☺ ☹ □ □ □ □ □ □	☺ ☺ ☹ □ □ □ □ □ □	☺ ☺ ☹ □ □ □ □ □ □
学习态度	积极认真的学习态度	☺ ☺ ☹ □ □ □	☺ ☺ ☹ □ □ □	☺ ☺ ☹ □ □ □
团队精神	（1）团队协作能力 （2）解决问题的能力 （3）创新能力	☺ ☺ ☹ □ □ □ □ □ □ □ □ □	☺ ☺ ☹ □ □ □ □ □ □ □ □ □	☺ ☺ ☹ □ □ □ □ □ □ □ □ □
综合评价		☺ ☺ ☹ □ □ □		

任务3　精品咖啡的产地与品种

【任务目标】

　　精品咖啡豆的产地遍布全球，每一处都拥有其独特的自然条件和人文环境。从南美洲的热带雨林到非洲的高原山地，再到亚洲的热带岛屿，这些地区的气候、土壤、海拔等因素共同塑造了咖啡豆的独特风味。这些咖啡豆不仅承载着产地的独特风味与文化底蕴，还通过严格的分级制度确保其卓越的品质。分级制度是精品咖啡豆品质保证的重要一环。不同国家和地区根据其自身的标准和市场需求，制定了严格的分级标准。这些标准涵盖了咖啡豆的外观、瑕疵率、颗粒大小、硬度、生长海拔以及杯测等级等多个方面。通过分级，我们可以更加清晰地了解咖啡豆的品质和风味特点，从而选择出最适合自己口味的精品咖啡豆。本项目的学习将带同学们走进著名精品咖啡豆产地，感受它们如何赋予咖啡豆以生命力和个性。

图2.10　南美洲热带雨林咖啡种植环境

图2.11　亚洲热带岛屿咖啡种植环境

【任务目标】

1. 能简述世界著名精品咖啡产地的特点。
2. 了解精品咖啡产地的咖啡豆的特色。
3. 提升对世界精品咖啡产地的认知。

【任务描述】

润心饮品研创社团为了让更多的同学对精品咖啡有所了解，准备做一期世界精品咖啡产地的手抄报，在社团老师的帮助和指导下，同学们认真收集、整理和分析网络资源，并按照分工积极地做着准备，他们应该对哪些产地进行资料的查找、整理才能圆满地完成此次手抄报任务呢？

【任务分析】

"润心饮品"团队要做好精品咖啡产地的手抄报宣传活动，首先，分组搜集关于世界著名精品咖啡产地的相关资料。其次，同学们需要将各组搜集到的资料进行整理，并制作成手抄报进行展示宣讲，邀请参与活动的同学分享自己对"精品咖啡的产地"的理解和感悟。

【任务实施】

精品咖啡的产地遍布全球多个国家和地区，每个产地都有其独特的风味和特点。从非洲的埃塞俄比亚和肯尼亚，到美洲的哥伦比亚和巴西，再到亚洲的印度尼西亚和中国云南等，各地都孕育出众多优质的精品咖啡豆。这些咖啡豆不仅为人们带来了丰富的口感体验，还推动了全球咖啡文化的传播和发展。

1）非洲产区

（1）埃塞俄比亚

特点：埃塞俄比亚是咖啡的原产地，也是非洲最大的阿拉比卡咖啡生产国。其咖啡豆以花香、果香为主，酸度明亮愉悦，但醇厚度可能略显不足。耶加雪菲是埃塞俄比亚最著名的产区之一，此地产出的咖啡以其浓郁的茉莉花香、柑橘香和果香著称，被誉为"咖啡入口，百花盛开"。

知名产区：西达摩、耶加雪菲等。

（2）肯尼亚

特点：肯尼亚咖啡以其明亮的酸度、丰富的果香和均衡的口感而闻名。其咖啡豆通常具有清晰的层次，风味复杂而迷人。

种植环境：肯尼亚的咖啡种植区位于高海拔地区，气候凉爽，土壤肥沃，为咖啡豆的生长提供了优越的条件。

图2.12 埃塞俄比亚耶加雪菲产区

图2.13 肯尼亚的咖啡种植区

2）美洲产区

（1）哥伦比亚

特点：哥伦比亚咖啡以其坚果和可可的香气、均衡的口感和适中的酸度而受到广泛喜爱。哥伦比亚的咖啡豆通常具有甜美的淡香和优雅的余韵。

种植环境：哥伦比亚拥有广阔的咖啡种植区，从安第斯山脉的斜坡到低地的热带雨林，不同地区的咖啡豆风味各异。

图2.14 哥伦比亚咖啡种植区

（2）巴西

特点：巴西是世界上最大的咖啡生产国，其咖啡豆以较低的酸度和浓郁的甘苦味为特点。巴西咖啡入口极为滑顺，带有淡淡的青草芳香。

种植环境：巴西的咖啡种植区遍布全国各地，从热带雨林到干旱的草原地区都有种植。

（3）危地马拉

特点：危地马拉咖啡以其独特的酸醇口感和烟草味著称。危地马拉的咖啡豆通常具有浓郁的香气和复杂的层次。

种植环境：危地马拉的咖啡种植区多分布于火山土壤地带，这种土壤为咖啡豆的生长提供了丰富的矿物质和养分。

图2.15 巴西咖啡种植区

图2.16 危地马拉咖啡种植区

3）亚洲产区

（1）印度尼西亚

特点：印度尼西亚咖啡以其浓郁、香醇、带有少许甜味的口感闻名，其中最著名的品种是黄金曼特宁和曼特宁咖啡。

种植环境：印度尼西亚的咖啡种植区多位于苏门答腊岛和苏拉威西岛等地，这些地区的气候和土壤条件非常适合咖啡树的生长。

（2）中国云南

特点：云南是中国最大的咖啡种植区，其咖啡豆口感醇厚、风味均衡，带有坚果、焦糖甚至巧克力的香气。近年来，云南咖啡的品质不断提升，生产了越来越多的精品咖啡豆走向世界舞台。

知名产区：普洱、保山、德宏、临沧等。这些地区的气候条件和土壤环境非常适合咖啡树的生长和发育。

图2.17 普洱、保山、德宏、临沧等咖啡种植区

►【素质提升】　　　**云南咖啡产地的绿色守护与高质量发展**

云南省以其得天独厚的自然条件，崛起为中国咖啡产业的一颗璀璨明珠。近年来，云南不仅致力于咖啡精品化与精深加工的双重飞跃，更将生态保护理念深植于咖啡产业的每一寸土地，绘就了一幅绿色发展的壮丽画卷。云南咖啡产业深谙"绿水青山就是金山银山"的真谛，通过划定科学的种植适宜区，引导咖啡产业向最适宜其生长的沃土汇聚。在云南咖啡产地的这片热土上，生态保护与高质量发展并行不悖、相得益彰。云南咖啡产业以实际行动诠释了"绿色发展、生态优先"的深刻内涵，不仅为咖啡产业的可持续发展树立了典范，更为我们描绘了一幅人与自然和谐共生的美好图景。

【任务考核】

1.任务完成

以小组为单位完成咖啡产地的资料收集、整理，并制作手绘海报，根据老师的指导，在课堂上进行展示宣讲，分享各组对精品咖啡产地的理解和感悟，总结所学内容，并反思产地生态环境保护对精品咖啡有何影响。

2.评价与改进

以小组为单位，由组长组织，根据表中的要求对各组成员作出相应的评价，并对被评价的同学提出改进建议。

表2.3　精品咖啡产地综合评价表

评价项目	评价内容	个人评价	小组评价	教师评价
任务准备工作	（1）个人任务分工完成情况 （2）个人综合职业素养	☺ 😐 ☹ ☐ ☐ ☐ ☐ ☐ ☐	☺ 😐 ☹ ☐ ☐ ☐ ☐ ☐ ☐	☺ 😐 ☹ ☐ ☐ ☐ ☐ ☐ ☐
任务展示过程	课堂学习积极性	☺ 😐 ☹ ☐ ☐ ☐	☺ 😐 ☹ ☐ ☐ ☐	☺ 😐 ☹ ☐ ☐ ☐
知识掌握	（1）精品咖啡产地特点	☺ 😐 ☹ ☐ ☐ ☐	☺ 😐 ☹ ☐ ☐ ☐	☺ 😐 ☹ ☐ ☐ ☐
	（2）精品咖啡产地种植环境	☺ 😐 ☹ ☐ ☐ ☐	☺ 😐 ☹ ☐ ☐ ☐	☺ 😐 ☹ ☐ ☐ ☐
课后任务拓展	（1）拓展任务完成情况 （2）在线课程学习情况	☺ 😐 ☹ ☐ ☐ ☐ ☐ ☐ ☐	☺ 😐 ☹ ☐ ☐ ☐ ☐ ☐ ☐	☺ 😐 ☹ ☐ ☐ ☐ ☐ ☐ ☐

续表

评价项目	评价内容	个人评价	小组评价	教师评价
学习态度	积极认真的学习态度	☺ 😐 ☹ ☐ ☐ ☐	☺ 😐 ☹ ☐ ☐ ☐	☺ 😐 ☹ ☐ ☐ ☐
团队精神	（1）团队协作能力 （2）解决问题的能力 （3）创新能力	☺ 😐 ☹ ☐ ☐ ☐ ☐ ☐ ☐ ☐ ☐ ☐	☺ 😐 ☹ ☐ ☐ ☐ ☐ ☐ ☐ ☐ ☐ ☐	☺ 😐 ☹ ☐ ☐ ☐ ☐ ☐ ☐ ☐ ☐ ☐
综合评价		☺ 😐 ☹ ☐ ☐ ☐		

任务4 精品咖啡的分级制度

【任务目标】

1.掌握精品咖啡分级的基本概念与分级标准。

2.分析分级制度对咖啡生产、加工、销售等环节的影响。

3.培养学生运用分级咖啡制度的知识帮助客人提升选购高品质咖啡、评估咖啡品质的能力。

【任务描述】

润心饮品研创社团的同学们收到学校咖啡爱好同学的电子邮件，同学们在选择一款精品咖啡时，都会看一下咖啡包装上的信息，包括地理信息、种植信息、烘焙信息等，其中有一条信息就是咖啡豆的等级，如AA、AB、G1、NY.2、SHB等标识，它们代表了什么含义？我们该怎么看懂这些信息呢？同学们有点摸不着头脑。润心饮品研创社团准备做一期沙龙活动，为同学们介绍每个产地咖啡豆等级都是怎么划分的，特别是中国的云南产区。让我们帮助社团同学一起完成任务吧。

【任务分析】

润心饮品研创社团要圆满完成国产咖啡的宣讲活动，首先，分组搜集各产地咖啡豆等级划分的相关资料，包括但不限于埃塞俄比亚、哥伦比亚、中南美国家、中国云南等；其次，同学们需要将各组搜集到的资料进行整理，并以PPT、报告等形式进行展示宣讲，邀请参与活动的同学分享自己对"精品咖啡的分级制度"的理解和感悟。

【任务实施】

农产品普遍会进行分级，旨在为消费者和交易者提供一个品质与价值的基准。例如水果分级，通过不同孔径的筛网实现大小分类。咖啡豆的分级亦遵循相似逻辑，但具体分级标准因产地而异，目前尚无全球统一的咖啡豆分级体系。

咖啡豆分级的核心目的在于为市场交易提供一个相对准确的品质评估框架。通常，这一过程需要取样300克生豆，利用孔径各异的金属筛网进行筛选。筛网的基本单位"目"代表1/64英寸，而用于咖啡豆筛选的筛网目数范围大致在8目至20目，即3~8毫米，目数越小表示孔径越大。

同学们，让我们深入探索不同咖啡产地所采用的生豆分级方法。这些方法各具特色，反映了当地对咖啡品质的独特理解和市场需求。例如，某些产地可能侧重于咖啡豆的颗粒大小、外观完整性及瑕疵率，另一些产地则可能更加关注风味特性或种植海拔等因素。因此，在了解各产地分级方法时，需结合当地的具体情况进行深入分析。

1）埃塞俄比亚

埃塞俄比亚作为咖啡的摇篮，现今亦跻身于世界顶尖咖啡主产国之列。其咖啡豆分级体系以"G"为序，细分为五个标准等级，外加一特别级"Z"，后者为新兴分类。在此分级体系中，数字越小标志着品质越优。核心评判标准为瑕疵率，即每300克咖啡生豆中可容许的瑕疵豆数量。目前市面上"Z"级咖啡豆极为罕见，而"G1"普遍被认为是市售最优之选，紧随其后的是"G2"至"G4"，至于"G5"亦不多见。因此，在挑选埃塞俄比亚产区的咖啡豆时，应格外留意其生豆等级标识。

表2.4 埃塞俄比亚咖啡生豆等级标识表

埃塞俄比亚		
等级标识	每300克生豆含瑕疵数	等级
G1	0 ~ 3	精品咖啡，最高等级
G2	8	精品咖啡
G3	9 ~ 23	品质咖啡，价格优势
G4	24 ~ 86	商业咖啡豆
G5	> 86	低于标准，酸度高

2）哥伦比亚

哥伦比亚的主要咖啡生产区域集中在安第斯山脉的中部与东部。其中，沿中部山脉蜿蜒分布的三大重要种植园——麦德林（Medellin）、亚美尼亚（Armenia）与马尼萨莱斯（Manizales），共同构筑了咖啡产业的璀璨地带。这三大地区因卓越的咖啡品质而声名远扬，尤其是麦德林地区，其咖啡质量上乘，售价亦居高不下。为便于记忆，它们被亲切地简称为"MAM"。

（1）咖啡豆的大小是衡量品质的重要标尺

在哥伦比亚，分级体系依据目数进行划分，大颗粒的生豆备受烘焙工厂的青睐，因为它们能在烘焙过程中释放出更为显著的风味，同时也更易于与其他国家的生豆进行拼配，创造出独特的风味组合。自然而然地，豆子颗粒越大，其市场价格也越高昂，颗粒较小的豆子则多用于制作速溶咖啡及饮品。

（2）哥伦比亚咖啡分级系统

哥伦比亚的咖啡分级系统共设有五个等级，包括顶级（Supermo）、优秀（Excelso）及极品（UGQ）。其中，Supermo 与 Excelso 两个等级内各进一步细分为两个子级别，具体为 Supermo Screen 18+、Supermo、Excelso Extra、Excelso EP，从高到低依次排列，确保每一粒咖啡豆都能得到恰如其分的评价。

表2.5　哥伦比亚咖啡生豆等级表

哥伦比亚	
等级	咖啡豆大小(目)
Supermo Screen 18+	18
Supermo	17
Excelso Extra	16
Excelso EP	14～16
Usual Good Quality	14

3）中南美国家

在中南美洲的广袤地域中，哥斯达黎加、危地马拉、萨尔瓦多及洪都拉斯等国家以其独特的自然条件孕育了世界级的优质咖啡豆。这些国家不仅拥有丰富的咖啡种植历史，更在咖啡豆的品质分级上形成了独特的体系，其中，海拔成为决定咖啡豆品质与等级的关键因素。

（1）海拔对咖啡豆品质的影响

在中南美咖啡产区，人们普遍认同一个原则：海拔越高，咖啡豆的品质往往越优越。高海拔地区的气候条件独特，日夜温差大，为咖啡树提供了一个更为理想的生长环境。这种环境有利于咖啡果实缓慢成熟，使得咖啡豆在生长过程中能够积累更多的养分，同时形成更为坚硬的结构，从而孕育出更为丰富和复杂的风味物质。

（2）SHG：中南美咖啡的顶级标识

为了规范市场交易并确保消费者能够买到高品质的咖啡豆，中南美国家普遍采用了

SHG（Strictly High Grown）作为顶级咖啡豆的标识。SHG不仅代表着一种特定的生长高度标准，更象征着咖啡豆在品质上的卓越表现。各国对其具体海拔范围的定义存在差异，这种差异反映了不同国家根据自身地理环境和气候条件所制定的独特分级标准。

（3）各国SHG标准的差异

厄瓜多尔：在厄瓜多尔，SHG被严格定义为海拔1300米以上出产的咖啡豆。这一标准确保了厄瓜多尔SHG咖啡豆在生长过程中能够充分吸收高海拔地区的独特养分，从而展现出卓越的品质和风味。

洪都拉斯：在洪都拉斯，SGH（Strictly Good Height，有时与SHG混用）被用作顶级咖啡豆的标识，指的是海拔1 200米以上出产的咖啡豆。虽然名称上略有不同，但SGH同样代表着洪都拉斯咖啡豆在品质上的高标准和严格要求。

其他国家：除了厄瓜多尔和洪都拉斯，哥斯达黎加、危地马拉和萨尔瓦多等国家也都有自己的SHG或类似标准，但具体海拔范围可能因国家而异。

表2.6　中南美国家咖啡生豆等级表

中南美国家（危地马拉）	
等级	海拔（米）
Strictly Hard Bean(SHB)	1 600 ~ 1 700
Fine Hard Bean (FHB)	1 500 ~ 1 600
Hard Bean(HB)	1 350 ~ 1 500

4）肯尼亚

肯尼亚地区的咖啡豆分级体系以其独特性和精细性而著称。与许多其他国家依据海拔、瑕疵率等因素进行分级不同，肯尼亚主要依据豆粒大小来划分等级。这一分级方式不仅反映了肯尼亚咖啡产业的传统与特色，也体现了肯尼亚对咖啡豆外观品质的严格把控。

（1）肯尼亚咖啡豆分级概述

肯尼亚的咖啡豆分级系统相对直观且易于理解，主要通过筛网孔洞的大小来筛选不同等级的咖啡豆。从最高等级到最低等级，每一级都对应着特定的筛网孔径范围，从而确保了分级的准确性和一致性。

（2）主要等级介绍

等级E（象豆）：这是肯尼亚咖啡豆中的特殊等级，并非指品种上的象豆种，而是指两个咖啡种子在生长过程中自然黏合形成的超大豆子。由于其产量稀少且为自然变异所致，因此被视为极为珍贵的存在。等级E的咖啡豆不仅外观独特，其风味也往往令人印象深刻。

等级AA：作为市面上最常见的顶级肯尼亚咖啡豆，等级AA的筛网孔洞大小约为7.2 mm。这一等级的咖啡豆颗粒饱满、均匀，是高品质肯尼亚咖啡的代表。

等级AB：由A级和B级咖啡豆混合而成，其中A级筛网孔洞大小为6.8 mm，B级为6.2 mm。这一等级的咖啡豆在产量上占据多数，品质同样优秀，是许多咖啡爱好者的首选。

等级PB（圆豆/公豆）：与普通平豆不同，圆豆（或称为公豆）是由于果实内只有一颗种子发育完成而形成的。这些豆子通常较小且呈圆形，对风味的偏好则因人而异。一些消费者特别喜欢圆豆的独特风味，因此市场上也有单独售卖等级PB的豆子的情况。

等级C：孔洞大小在4.8 mm~5.6 mm的咖啡豆被归为等级C，属于小颗粒豆子。尽管其颗粒较小，但并不意味着其品质低下，许多小颗粒咖啡豆同样能展现出迷人的风味。

等级TT及以下：这些等级通常包括有缺损的豆子、瑕疵豆等，质量相对较差，在市场上较为少见。

表2.7 肯尼亚咖啡生豆等级标识表

肯尼亚		
等级	咖啡豆大小（目）	品质
E	>18	特殊豆，数量少，发育异常，非常贵
AA	17 ~ 18	精品咖啡豆
AB	15 ~ 16	A和B的混合豆，价格优惠
PB	NA	特殊豆，小圆豆具有特别风味，价格贵
C	14 ~ 15	商业豆，小颗粒的豆子
TT	12 ~ 15	豆软，从AA、AB级豆子中经过气流分选机筛选出来的轻豆
T	<12	自C级豆子中筛选出来的轻豆，硬度不符合标准，用于做速溶等
MH/ ML	NA	熟而掉落在地上的咖啡豆，品质不佳，酸度高，一般用于饲料或肥料

5）巴西

巴西作为全球最大的咖啡生产国，被誉为"咖啡的仓库"。然而，与中南美洲的许多邻国不同，巴西的咖啡树生长海拔相对较低，平均介于600~1 200米。这一自然环境条件虽然对咖啡树的生长有所限制，但也促使巴西发展出了独具特色的咖啡分级体系，以满足国内外市场对高品质咖啡的需求。

（1）瑕疵豆扣分法

"瑕疵豆扣分法"是一种基于咖啡豆中瑕疵豆数量的分级方式。即每300克生豆中的瑕疵豆数量决定了其等级。例如，若每300克生豆中含有6颗瑕疵豆，则该批咖啡豆可归为NY.2等级；理论上，若一颗瑕疵豆都没有，则可达到NY.1的顶级标准，但这种情况极为罕见，难以维持稳定的供应量。因此，在巴西的咖啡分级体系中，NY.2实际上被设定为最高等级，以反映其相对较高的品质标准。

（2）大小与杯测双重标准

巴西咖啡的第二种分级方法则结合了咖啡豆的大小与杯测结果两个维度。首先，根据咖啡豆的大小，将巴西咖啡分为四个等级：NY.2、NY.2/3、NY.3/4、NY.4/5。其次，通过专业的杯测过程，对咖啡豆的风味、香气、口感等品质特征进行综合评价，并给出相应的杯测等级：Fine Cup（FC）、Fine、Good Cup（GC）、Fair Cup、Poor Cup、Bad Cup。其中Fine Cup（FC）与Good Cup（GC）较为常见。

在巴西咖啡的包装上能看到"NY.2 FC"的分级标识，其中"NY.2"代表咖啡豆的大小等级，"FC"则代表其杯测质量等级。这种双重标准的分级体系不仅为消费者提供了关于咖啡豆外观与品质的全部信息，还有助于他们根据自己的口味偏好和品质要求做出更加明智的选择。

6）印度尼西亚

印度尼西亚的咖啡生豆等级标准以瑕疵数量为主、咖啡颗粒大小为辅。由于印尼多采用湿刨法进行处理，在过程中容易出现坏豆，为了进一步提升咖啡的品质，印度尼西亚的精品级咖啡还会进行手工筛选。这一过程包括多次手选，以确保去除所有瑕疵豆和不良颗粒。根据手选的次数，这些精品咖啡豆会在标识上特别注明，如Double Picked（二次手选）或Triple Picked（三次手选）。手选次数越多，意味着咖啡豆的品质越高，因为更多的瑕疵和不良颗粒被剔除了。

7）中国云南

目前云南咖啡生豆的评级标准参照2019年云南国际咖啡交易中心发布的《生咖啡等级检测标准》（Standard for green coffee grade）。等级可划分为：

（1）精品级 Specialty Grade

精品一级 Specialty Grade I（YCE-S1）、精品二级 Specialty Grade II（YCE-S2）、精品三级 Specialty Grade III（YCE-S3）

（2）优质级 Premium Grade

优质一级 Premium Grade I（YCE-P1）、优质二级 Premium Grade II（YCE-P2）

（3）商业级 Commercial Grade

商业一级 Commercial Grade I（YCE-C1）、商业二级 Commercial Grade II（YCE-C2）、商业三级 Commercial Grade III（YCE-C3）

▶【素质提升】　　　　　**打造"中国云南精品咖啡"品牌**

当一杯精品咖啡呈于客人面前，它历经了精细的处理、妥善的储存、周密的运送、专业的烘焙，直至最终的精心冲煮，每一环节都紧密相连，共同成就了一杯优质咖啡的独特风味。因此，不同等级的咖啡各自蕴含着不同的美学魅力。市场的健康发展离不开每一个咖啡人的共同努力与持续投入。目前，云南精品咖啡正处于萌芽成长阶段，尤其需要商家与消费者的共同监督与维护，以携手将"中国云南精品咖啡"的品牌打造得更加响亮。唯有在规范化市场中，我们才能安心品尝，放心享受那份来自云端的咖啡香醇。

【任务考核】

1.任务完成

以小组为单位完成咖啡豆分级的资料收集、整理，并以PPT或报告等形式，根据老师的指导，在课堂上进行展示宣讲，分享各组对"不同咖啡产地的分级标准"的理解和感悟，总结所学内容，并反思作为一名咖啡从业者如何监督与维护精品咖啡市场的健康发展。

2.评价与改进

以小组为单位，由组长组织，根据表中的要求对各组成员作出相应的评价，并对被评价的同学提出改进建议。

表2.8　精品咖啡综合评价表

评价项目	评价内容	个人评价	小组评价	教师评价
任务准备工作	（1）个人任务分工完成情况 （2）个人综合职业素养	☺ ☺ ☹ ☐ ☐ ☐ ☐ ☐ ☐	☺ ☺ ☹ ☐ ☐ ☐ ☐ ☐ ☐	☺ ☺ ☹ ☐ ☐ ☐ ☐ ☐ ☐
任务展示过程	课堂学习积极性	☺ ☺ ☹ ☐ ☐ ☐	☺ ☺ ☹ ☐ ☐ ☐	☺ ☺ ☹ ☐ ☐ ☐
知识掌握	（1）精品咖啡的定义、标准	☺ ☺ ☹ ☐ ☐ ☐	☺ ☺ ☹ ☐ ☐ ☐	☺ ☺ ☹ ☐ ☐ ☐
	（2）精品咖啡的产地与品种	☺ ☺ ☹ ☐ ☐ ☐	☺ ☺ ☹ ☐ ☐ ☐	☺ ☺ ☹ ☐ ☐ ☐
	（3）巴西产区咖啡豆分级方法	☺ ☺ ☹ ☐ ☐ ☐	☺ ☺ ☹ ☐ ☐ ☐	☺ ☺ ☹ ☐ ☐ ☐
	（4）中南美国家产区咖啡豆分级方法	☺ ☺ ☹ ☐ ☐ ☐	☺ ☺ ☹ ☐ ☐ ☐	☺ ☺ ☹ ☐ ☐ ☐

续表

评价项目	评价内容	个人评价	小组评价	教师评价
知识掌握	（5）中国云南产区咖啡豆分级方法	☺ ☺ ☹ ☐ ☐ ☐	☺ ☺ ☹ ☐ ☐ ☐	☺ ☺ ☹ ☐ ☐ ☐
课后任务拓展	（1）拓展任务完成情况 （2）在线课程学习情况	☺ ☺ ☹ ☐ ☐ ☐ ☐ ☐ ☐	☺ ☺ ☹ ☐ ☐ ☐ ☐ ☐ ☐	☺ ☺ ☹ ☐ ☐ ☐ ☐ ☐ ☐
学习态度	积极认真的学习态度	☺ ☺ ☹ ☐ ☐ ☐	☺ ☺ ☹ ☐ ☐ ☐	☺ ☺ ☹ ☐ ☐ ☐
团队精神	（1）团队协作能力 （2）解决问题的能力 （3）创新能力	☺ ☺ ☹ ☐ ☐ ☐ ☐ ☐ ☐ ☐ ☐ ☐	☺ ☺ ☹ ☐ ☐ ☐ ☐ ☐ ☐ ☐ ☐ ☐	☺ ☺ ☹ ☐ ☐ ☐ ☐ ☐ ☐ ☐ ☐ ☐
综合评价	☺ ☺ ☹ ☐ ☐ ☐			

项目 3

精品咖啡的加工与处理

【导读】

在探索精品咖啡独特风味的奇妙旅程中，加工扮演着不可或缺且至关重要的角色。自然界的瑰宝——咖啡樱桃（coffee cherry），其精妙的层次结构让人叹为观止：外层是坚韧的保护壳，内里则是多汁的果肉，紧挨着富含果胶的中间层，之后是结实的羊皮纸层，最终核心是由银皮紧紧包裹的珍贵咖啡豆。加工的艺术，正是在于巧妙地剥去这些层层包裹，释放咖啡豆深藏的内在精华，并通过精细的干燥工艺，将其品质推向极致。

因此，咖啡的处理工艺成为实现这一品质的关键步骤，不同的处理方法，如同艺术家的笔触，在咖啡豆上勾勒出风格各异的风味图景。从湿法到干法的技艺演变，从自然发酵的温柔呵护到水洗去胶的精细处理，每一种方法都深刻影响着咖啡豆内部的化学变化，从而赋予每一杯咖啡独特的香气、口感与持久的余韵。

本模块旨在引领大家从咖啡豆的采摘源头开始，一步步揭开加工与处理咖啡的神秘面纱。我们将深入探讨咖啡豆的分类标准、筛选流程的严谨性、烘焙技艺的奥秘，以及研磨过程对咖啡品质的重要影响。通过这一系列系统而深入的学习与探索，同学们将能够更深刻地理解精品咖啡的核心价值，亲身体验从种植园到咖啡杯的匠心之旅与美味蜕变。

【项目背景】

在精品咖啡精致的产业链中，咖啡果实的精心采摘与细致处理是构筑高品质咖啡基石的不可或缺的环节。随着全球咖啡文化的蓬勃发展，消费者对咖啡的期待已远远超越了它作为一杯简单的提神饮品，转而追求那令人陶醉的香气、细腻的口感、丰富的层次以及每一杯咖啡背后所承载的独特故事。

鉴于此，从源头上严格把控咖啡品质，确保每一粒咖啡豆都能淋漓尽致地展现其独有的魅力与风味，已成为咖啡行业内的共识。本项目正是基于这一理念，通过深入探索优质咖啡豆的采摘与处理全流程，向同学们展现咖啡从业者如何不懈努力，以提升咖啡豆的整体品质与卓越风味，同时传达对咖农们的辛勤劳作与匠心精神的深切敬意。在这里，同学们不仅能学习到专业知识，更能深刻体会咖啡文化背后那份对完美的不懈追求与尊重。

【项目目标】

1.定义解读：明确咖啡豆采摘与处理的相关概念。

2.标准学习：深入解析精品咖啡豆的采摘标准、时机与方法，以及不同处理方式的原理与效果。

3.过程体验：通过模拟实践或实地考察，提升同学们在咖啡豆采摘与处理方面的专业技能与操作能力。

4.文化感知：激发同学们对咖啡文化的热爱与尊重，培养他们对咖农及整个咖啡产业链的尊敬与感恩。

5.技能提升：鼓励同学们在了解传统采摘与处理方式的基础上，勇于探索创新，为咖啡品质的提升贡献自己的智慧与力量。

【学习建议】

1.文化交流：组织同学们前往咖啡加工厂实地考察研学，邀请咖啡庄园主或行业专家进行分享，促进同学们之间的交流与学习。

2.网络学习：利用网络资源如在线精品课程、视频教程和国际咖啡组织、世界咖啡研究所等官方网站，了解精品咖啡豆的采摘与处理的最新工艺。

3.项目总结与展示：同学们以小组形式总结学习成果，撰写项目报告或制作PPT进行展示，分享自己对精品咖啡豆的采摘与处理的理解与感悟。

任务1 咖啡果实的生长和采摘

咖啡果实的
生长和采摘

【任务目标】

1. 了解咖啡树生长的环境条件。
2. 掌握咖啡果采摘的方式与技巧。
3. 培养精益求精的精神以及对咖啡豆品质的卓越追求。

【任务描述】

在润心饮品研创社团举办的一次手冲精品咖啡分享会上，同学们沉浸在咖啡的香醇之中，同时也激发了他们对咖啡的起源与生长过程的好奇。面对诸如"咖啡是否属于农作物？""它的生长方式是否与苹果、杏子等水果相似？"的疑问，社团决定开展一堂生动有趣的"咖啡的一生"专题课程。

为了全面而清晰地解答同学们的疑惑，社团成员在社团老师的悉心指导与帮助下，积极投入课程的准备工作。他们应该从哪些方面进行解读才能让此次专题课程深入浅出呢？

【任务分析】

润心饮品研创社团要做好"咖啡的一生"专题课程，首先，分组分工搜集相关资料，包括但不限于咖啡的生长环境、咖啡植物的栽种条件、咖啡果实的采摘等，可拓展关于咖啡生长环境的生态保护等方面的知识，以丰富展示内容；其次，同学们需要将各组搜集到的资料进行整理，并以PPT、讲课稿等形式进行展示宣讲，邀请参与活动的同学分享自己对"咖啡果实的生长和采摘"的理解和感悟。

【任务实施】

1）咖啡的生长环境概述

咖啡，这一源自热带雨林的珍贵作物，其茁壮成长依赖于特定的气候与地理条件。咖啡树适合生长在热带与亚热带气候区（位于南北回归线之间），由于亚洲、美洲与非洲均有种植，形成围绕地球的环状地带，故有"咖啡腰带"（Coffee Belt）的雅称。这一区域凭借其得天独厚的自然条件——充足的阳光照射、适宜的年均温度、恰到好处的降雨量——为咖啡树提供了无与伦比的生长环境，从而孕育出了千变万化、令人陶醉的咖啡风味。正是这片神奇的土地，赋予了每一颗咖啡豆独特的灵魂与韵味，使之成为连接生产者、品鉴者与文化的桥梁。

2）咖啡植物的栽种条件

（1）气温考量

咖啡树的生长状态与气温因素紧密相连。理想的咖啡栽培环境通常是平均气温维持在18~22 ℃的地区。以阿拉比卡咖啡为例，其发源地埃塞俄比亚高原，便是一个典型的背光且温度稳定在15~24 ℃的区域。当栽培环境的平均气温超出最佳范围时，咖啡果实的成熟过程可能会加速，导致早熟，并增加咖啡树感染锈病等病害的风险。相反，若栽培环境的平均气温低于最佳范围，咖啡树的生长速度将受到抑制，植株可能呈现矮小状态，进而影响到咖啡的产量和质量。因此，在规划咖啡种植时，精确评估并选择具备合适气温条件的地区至关重要。

（2）日照管理

咖啡树对日照的敏感度较高，长时间直接暴晒会导致叶片温度升高，进而抑制光合作用效率。为了优化咖啡树的生长环境，通常选择将其栽培于山的东侧缓坡地带，这里能自然减少强烈阳光的直射。

在无法直接利用地形优势的情况下，种植者会采取另一种策略，即在咖啡树周围种植高大的遮荫树（俗称"遮荫树"），以减轻咖啡树受到的日照强度。然而，值得注意的是，并非所有地区都需依赖遮荫树来调节光照，如哥斯达黎加及巴西的部分地区，由于午后多云的气候特点，对遮荫树的需求则较低。

（3）水分需求

咖啡树的生长对水分有特定的需求，通常要求年降雨量在1 200~1 600毫米。特别是在咖啡果实发育的关键时期，充足的降雨对于确保产量至关重要。然而，一些地区如非洲，常受干旱或异常降雨等不利气候影响，这些波动往往直接反映在咖啡的产量上，增加了产量的不稳定性。因此，在种植咖啡时，合理的水分管理策略显得尤为重要。

图3.1　台湾咖啡庄园里的槟榔树作为咖啡的遮阴树

（4）季节变换

热带地区的气候特征鲜明，主要分为雨季与旱季两个阶段。多数咖啡产地的咖啡树会在旱季结束、雨季初临之际，受到降雨的激发而集中开花，这一生长模式确保了咖啡树在随后的7个月内顺利结果。因此，在多数地区，咖啡的年度收成期仅有一次。然而，在特定区域，如肯尼亚的热带地区及南北跨度较大的哥伦比亚等地，它们的气候特点是一年中存在两个明显的雨季与旱季交替，这种独特的季节变换促使咖啡树能够经历两次开花与结果周期，从而实现了咖啡的一年两收。

（5）土壤条件

咖啡的优质产地往往与火山活动区域紧密相连，这主要得益于火山周围土壤的独特性质。火山土壤通常由风化后的熔岩与火山灰构成，其深厚的土层和丰富的腐殖质为咖啡树提供了理想的生长基质。此类土壤不仅具有良好的可耕性和优越的排水性能，还富含多种对植物生长至关重要的养分，如氮、磷等微量元素，这些元素有助于土壤保持水分和肥力，同时增强了土壤对抗侵蚀和风化的能力。

在咖啡栽培中，寻求最佳土质是一个关键环节。一般来说，pH值介于5.0至6.5之间的弱酸性土壤被视为理想选择，因为它能够在保持土壤酸碱平衡的同时，为咖啡树提供全面而均衡的养分支持。酸性土壤可能会限制钾、钙、镁等元素的供应，碱性土壤则可能引发铁、锰、锌等元素的缺乏，因此在土壤管理中需特别关注这些因素，以确保咖啡树的健康生长和高产优质。

（6）海拔

在咖啡的种植版图中，中美洲、哥伦比亚及东非等地区的高原地带，因其气温条件适宜，常成为咖啡树的理想栖息地，特别是海拔介于1 000~1 200米的高原区域。在中美洲，咖啡品质与海拔之间建立起了一种独特的关联。随着种植海拔的升高，气候条件趋于凉爽，昼夜温差增大，这些都有利于咖啡果实积累更多的风味物质，从而提升咖啡的整体品质。因此，在该地区，海拔常被视为评估咖啡品质的一个重要指标，海拔越高，往往意味着咖啡的品质越优越。

3）咖啡的生长与采摘

（1）育苗

在咖啡产业的广阔图景中，众多颇具规模的咖啡园精心规划了专属的育苗区域，即苗圃，这些苗圃扮演着至关重要的角色，为尚处于稚嫩阶段的种苗提供一个安全的避风港，直至它们准备好迎接咖啡地的广阔天地。咖啡种子一旦植根于肥沃的土壤之中，便迅速萌发出生命的绿意，新芽苗壮成长，逐渐冲破将其包裹其中的咖啡豆种壳（即羊皮纸层），这一时期的幼苗被形象地称为"卫兵"。随着时间的推移，整株咖啡树以惊人的速度蓬勃生长，历经6~12个月的精心培育后，这些苗壮成长的种苗将离开苗圃的怀抱，被移植到正式的咖啡地里，开启它们作为咖啡树的新篇章。

（2）开花结果

经过两至三年的精心栽培，咖啡树终于迎来了其生命中的重要时刻——首次绽放花朵。这些花朵以洁白无瑕的姿态聚集成簇，虽花期短暂，持续不足一周，却以其绝美的外观和浓郁芬芳吸引蜜蜂等昆虫前来授粉，共同编织着自然界的繁衍生息之网。其中阿拉比卡咖啡树展现出一种独特的生殖策略，即具备自体授粉的能力，这意味着在大多数情况下，除非遭遇极端气候的侵袭导致花朵提前凋落，否则每一朵咖啡花都将顺利迈向其生命的下一个阶段——结出累累硕果。在咖啡树的生长周期中，多数品种遵循着一年一收的收获规律，然而，在特定产区，得益于独特的气候条件，部分咖啡树能够迎来一年之中的第二次收获。

图 3.2　咖啡幼苗　　　　　　　图 3.3　咖啡树开花

（3）采摘

在咖啡树开花之后，紧随其后的是一段长达6~9个月的果实成长周期。在此期间，原本青涩的果实逐渐蜕变，其外皮由最初的鲜绿渐变为温暖的黄色，最终定格为醒目的红色，这一显著的色彩转变不仅是大自然赋予的成熟信号，也极大地便利了人工采摘时对于成熟果实的辨识与筛选。

果实的成熟度，作为衡量咖啡品质的关键指标之一，与其内部所含糖分的多少紧密相关，它不仅影响着果实的口感与风味，更是后续咖啡加工过程中形成独特香气与醇厚口感的基础，果实中的含糖量越高，通过精心烘焙与冲泡后所能展现出的咖啡品质也将越卓越。

4）采摘方式

将沉甸甸的咖啡果实从枝头轻柔地摘下，这一步骤不仅是咖啡加工旅程的起点，更是决定最终品质的关键环节。受地理条件、成本控制及品质追求的驱动，全球咖啡产业中的采摘方式大致划分为机械采摘与手工采摘两种模式。

（1）机械采摘

机械采摘以其高效能著称。在广袤无垠的平原中，巨大的机械臂轻抚过咖啡树，果实纷纷落入预设的漏斗，如巴西咖啡园里的壮阔景象，这是一场现代科技与自然馈赠的交响曲。采摘后的咖啡豆需经细致筛选，剔除混杂其中的叶片与枝条，确保原料的纯净。然而，机械采摘的局限性亦显而易见，它无法辨别果实的成熟度，往往导致熟果与青果一并落地，若缺乏后续的人工分拣，将直接影响咖啡的整体风味。因此，机械采摘虽成本低廉，但在品质保障上难以与手工采摘相媲美。

（2）手工采摘

手工采摘则是对咖啡树生长规律深刻理解的体现。在同一株咖啡树上，咖啡果实的成熟节奏各不相同，这就要求采摘者拥有敏锐的洞察力与足够的耐心，于细微之处分辨果实的成熟度，仅在最佳时机将其摘下，而将未熟的果实留待时日。这种分批采摘的方式，虽耗时费力，却能最大限度地保留咖啡的纯正风味与高品质特性。因此，高品质咖啡豆的诞生，往往离不开手工采摘者的辛勤耕耘与匠心独运。然而，这一精细的采摘方式也伴随着高昂的人工成本，是极致追求咖啡品质的代价。

图3.4 机械采摘咖啡果实

图3.5 手工采摘咖啡果实

▶【素质提升】　　　　**手工采摘咖啡果实中的艰辛与工匠精神**

在遥远的咖啡园中，咖农们以双手精心编织着每一颗咖啡豆的独特故事。由于咖啡果实成熟度的差异显著，咖农们不得不对同一株咖啡树进行多次细致的采摘，这种对完美细节的极致追求，无疑加大了采摘难度，也提升了生产成本。加之咖啡树多扎根于崎岖的半山或斜坡之上，复杂多变的地形更为采摘工作增加了诸多不便与潜在的危险。

然而，咖农们凭借无畏的勇气和坚定的信念，穿梭在蜿蜒的林间小道上，用辛勤的汗水滋润着这片土地，用灵巧的双手采摘下每一颗承载着希望的果实。他们耐心、细心、精心地挑选出具备最佳成熟度的咖啡果，正是这份对品质的坚持与执着，让我们有幸品尝到那些醇厚而细腻的咖啡，感受到手工采摘带来的独特韵味与卓越品质。

咖农们对工作的精益求精，对品质的极致追求，不仅体现在咖啡豆的采摘与筛选上，更体现在他们生活态度的真实写照上。这种精神，正是我们当代学生应当学习并传承的宝贵品质，无论面对何种困难与挑战，都应保持对完美的追求，对细节的关注，以及不懈的努力与坚持。

【任务考核】

1.任务完成

以小组为单位完成咖啡果实的生长采摘相关资料的收集、整理，并以PPT、海报或视频等形式，根据老师的指导，在课堂上进行展示宣讲，分享各组对精品咖啡的定义的理解和感悟，总结所学内容，并反思咖农手工采摘咖啡果带来的启示和意义。

2.评价与改进

以小组为单位，由组长组织，根据表中的要求对各组成员作出相应的评价，并对被评价的同学提出改进建议。

表3.1　咖啡果实的生长采摘的定义综合评价表

评价项目	评价内容	个人评价	小组评价	教师评价
任务准备工作	(1) 个人任务分工完成情况 (2) 个人综合职业素养	☺ 😐 ☹ □ □ □ □ □ □	☺ 😐 ☹ □ □ □ □ □ □	☺ 😐 ☹ □ □ □ □ □ □
任务展示过程	课堂学习积极性	☺ 😐 ☹ □ □ □	☺ 😐 ☹ □ □ □	☺ 😐 ☹ □ □ □
知识掌握	(1) 咖啡的生长环境	☺ 😐 ☹ □ □ □	☺ 😐 ☹ □ □ □	☺ 😐 ☹ □ □ □
	(2) 咖啡植物的种植条件	☺ 😐 ☹ □ □ □	☺ 😐 ☹ □ □ □	☺ 😐 ☹ □ □ □
	(3) 咖啡果的采摘方式	☺ 😐 ☹ □ □ □	☺ 😐 ☹ □ □ □	☺ 😐 ☹ □ □ □
课后任务拓展	(1) 拓展任务完成情况 (2) 在线课程学习情况	☺ 😐 ☹ □ □ □ □ □ □	☺ 😐 ☹ □ □ □ □ □ □	☺ 😐 ☹ □ □ □ □ □ □
学习态度	积极认真的学习态度	☺ 😐 ☹ □ □ □	☺ 😐 ☹ □ □ □	☺ 😐 ☹ □ □ □
团队精神	(1) 团队协作能力 (2) 解决问题的能力 (3) 创新能力	☺ 😐 ☹ □ □ □ □ □ □ □ □ □	☺ 😐 ☹ □ □ □ □ □ □ □ □ □	☺ 😐 ☹ □ □ □ □ □ □ □ □ □
综合评价	☺ 😐 ☹　□ □ □			

任务2 咖啡果实的加工处理

【任务目标】

1. 认识咖啡果实的结构。
2. 熟知咖啡果实的加工方式。
3. 提升知识分享的精确性，增强信息归纳整理能力。

咖啡果实的
加工处理

【任务描述】

在选购精品咖啡时，同学们常会注意到在咖啡包装袋上标注了"水洗法""日晒法"等处理方式，这些术语究竟代表着怎样的加工过程？它们又是如何深刻影响咖啡豆的最终风味呢？为了丰富"咖啡的一生"专题课程的内容，使其更加引人入胜，"润心饮品"团队分工合作，深入搜集关于咖啡果实加工处理的专业资料。各小组需精心整理这些信息，制作成详尽的PPT演示文稿，并撰写清晰的讲课稿，以便在展示宣讲中全面呈现。此外，我们诚挚邀请所有参与活动的同学，分享自己对"咖啡果实的加工处理"这一主题的独到见解与深刻感悟，共同探索咖啡世界的奥秘。

【任务分析】

润心饮品研创社团要做好咖啡果实的加工处理的课程，首先，分组分工搜集相关资料，认识什么是咖啡樱桃，明确它的组织结构，以便更好地学习咖啡果实的加工处理方式；其次，同学们需要将各组搜集到的资料进行整理，并以PPT、讲稿、咖啡果手绘结构图等形式进行展示宣讲，邀请参与活动的同学分享自己对"咖啡果实的加工处理"更深层的理解和感悟。

【任务实施】

在咖啡的制作流程中，咖啡樱桃的果肉与果皮虽同样承载着自然的馈赠，却往往不能成为最终饮品的一部分，而是遗憾地被舍弃于制作流程之外。唯有那经过精心挑选与处理的咖啡豆，承载着咖啡樱桃的全部精华与风味，经过烘焙与研磨的洗礼，最终化作一杯杯香浓四溢的咖啡，供我们细细品味，感受那份来自远方的醇厚与温暖。

1）什么是咖啡樱桃

咖啡果实，通常被称为咖啡樱桃，是咖啡树上成熟的浆果，而咖啡豆是咖啡樱桃最珍贵的种子。咖啡樱桃以其独特的形态展现于世人眼前：外观小巧玲珑，圆润饱满，身披一袭鲜艳的红衣，宛如自然界中精致的宝石。其内，果肉轻薄而甘甜，包裹着的两颗咖啡豆宛如双生子般紧密相连，共同孕育于这生命的摇篮之中。

图 3.6　咖啡樱桃

2）咖啡果实的结构

（1）外果皮（Exocarp）

作为咖啡樱桃的最外层，它扮演着果实保护伞的角色，同时也是果实最直观的显色层，赋予了咖啡果实最初的色彩形象。

（2）中果皮（Mesocarp）

这一层次被细分为内外两层。外层，即果肉层（Pulp），虽然量少且难以直接品尝，但其微薄的存在对咖啡生豆的风味形成具有不可小觑的作用，是美味诞生的关键一环。内层，也被称为果胶层（Mucilage），其黏性的胶质特性在咖啡处理过程中扮演着重要角色，通过不同程度的去除或发酵，深刻影响着生豆的最终风味。

（3）内果皮（Endocarp）

内果皮又称羊皮纸（Parchment），这层是我们常说的带壳生豆的外部保护层。这层干燥而坚韧的"壳"，不仅在咖啡豆的储存与运输过程中提供了必要的保护，还以其独特的漩涡状结构延伸至种子内部，展现出自然界的精妙构造。

（4）种子（Seed）

咖啡果实的核心，包含了两部分：一是银皮（Silver Skin），即种皮，薄薄一层，呈银色，巧妙地介于羊皮纸与生豆之间，烘焙过程中会逐渐脱落，留下斑驳的印记，尤其是在浅烘焙的咖啡豆上更为显著；二是我们追求的咖啡生豆（Bean）本身，作为最终的成品，承载着咖啡的香气与风味，等待着被冲泡成一杯杯美味的咖啡。

在咖啡果实的内部，通常可见到两颗相对而生的扁平种子，这一现象导致了咖啡豆常具备一面平坦的特性，被业界称为"平豆"（Flatbeans）。然而，也有部分咖啡果实中仅孕育了一颗种子，其概率在5%~10%，这主要归因于授粉过程中的变异或环境条件的差异，使得一侧的种子发育受阻，内部的种子没有分裂而是形成了饱满圆润的单一种子，被称为

"圆豆"（Peaberry）。当果实中出现圆豆时，相对的另一侧往往不会再有种子生长，这一现象进一步凸显了咖啡果实在自然生长过程中的多样性与复杂性。

图 3.7　咖啡果实的结构

3）咖啡果实的加工处理法

（1）日晒法（自然处理法）

日晒法作为一种古老而自然的咖啡豆处理方式，赋予咖啡豆独特的水果香气与源自咖啡樱桃的纯粹风味。此法通过直接将咖啡樱桃摊晒于阳光下，依赖自然力量进行干燥。处理过程中，定期翻动浆果以确保其均匀干燥，避免过度发酵、腐烂及霉变，这也是确保咖啡品质的关键步骤。历经数周（具体时间以气候条件而定），当浆果达到理想的湿度水平（10%~12%）后，方可去除包裹种子的干燥果肉及羊皮层，从而进入烘焙阶段。

在资源匮乏的地区如巴西与埃塞俄比亚，日晒法因其成本低、适应性强的特点而显得尤为重要。近年来，随着技术的进步与咖农们的不懈努力，日晒法也在不断优化，力求在保留传统风味的同时，减少负面感知，提升整体品质。精心处理的日晒豆能展现出与自然葡萄酒相似的无添加、真实且富有个性的风味特征，为咖啡爱好者带来独特的品饮体验。

（2）水洗法（湿处理）

水洗法是一种利用水进行发酵和去除果肉的咖啡豆处理方式，通过一系列精细步骤，可以赋予咖啡豆更清晰、活泼的风味轮廓。该法先利用机械或手工方式去除咖啡种子的果皮和果肉，随后将包裹着果胶层的种子置于水槽中浸泡，经历 12~72 小时的发酵过程。此间，微生物分解果胶层，为咖啡豆带来独特的细腻风味与轻盈的醇厚度。

发酵完成后，种子需经清水冲洗以去除残留物，随后在露台、高架床或机械干燥机中干燥至适宜含水量（10%~12%）。干燥后的咖啡豆还需静置两个月，以稳定风味，之后去除羊皮层，成为可供出口与烘焙的生豆。水洗法能够凸显咖啡豆细腻的差异与酸度，深受精品咖啡烘焙师的青睐。

图3.8　正在进行日晒干燥的咖啡浆果　　　　图3.9　水洗法处理咖啡果实

（3）蜜处理法

蜜处理法是一种介于水洗法与日晒法之间的咖啡豆处理方式，既保留了日晒法下咖啡豆的风味特点，又借鉴了水洗法的部分工序。此法精选成熟的咖啡樱桃，去除外围果肉而保留果胶层，随后进行晾晒干燥。干燥过程中需严格控制时间与条件，以防霉变。干燥完成后，咖啡豆同样需静置两个月以稳定风味，再经碾磨去除羊皮层，最终成为具有独特风味曲线的咖啡生豆。

蜜处理法因其对环境条件的适应性（如水资源限制）及特定风味曲线的追求而备受青睐。蜜处理法下处理得当的咖啡豆，既能展现水洗豆的清新与酸度，又能融合日晒豆的浓郁果香与复杂风味，为咖啡世界增添了一抹独特的色彩。

图3.10　蜜处理法

任务3 咖啡豆烘焙

随着咖啡文化的日益普及和消费者对咖啡品质要求的不断提高，了解并掌握咖啡豆从生豆到成品的全过程，尤其是烘焙与研磨这两个关键环节，变得尤为重要。

咖啡豆烘焙

烘焙作为将咖啡豆转化为具有独特香气与风味的艺术品的过程，其技术复杂性和创造性不容小觑。不同的烘焙温度、时间与方式，能够赋予咖啡豆截然不同的风味，从浅烘焙的清新果香到深烘焙的浓郁焦糖味，每一种变化都是对咖啡豆潜力的深度挖掘与展现。

研磨则是连接烘焙豆与萃取咖啡之间的桥梁。研磨的粗细度直接影响咖啡的萃取效率与口感表现，是咖啡制作中不可或缺的一环。学习研磨技术，意味着要深入理解研磨度与咖啡品质之间的微妙关系，通过精准调整研磨参数以释放咖啡豆的最佳风味，为消费者带来更加细腻、丰富的咖啡体验。

该任务旨在通过系统的理论学习与实践操作，帮助学生全面了解并掌握咖啡豆烘焙与研磨的核心技术，培养他们的专业技能与创新能力，为咖啡行业的发展贡献新鲜血液与活力。

【任务目标】

1. 了解咖啡烘焙的基本原理及咖啡机的类型。
2. 掌握咖啡烘焙的操作流程及不同烘焙程度的区别。
3. 增强创新精神及实践探索精神，提升细致观察的意识。

【任务描述】

在温馨的午后阳光中，润心饮品研创社团沉浸于咖啡烘焙的醇香世界。社团成员围坐于烘焙机旁，眼神中闪烁着对未知风味的渴望。随着豆子在热源中缓缓跳跃，香气逐渐弥漫，每个人的心也随之温润起来。他们细心调控温度，每一次翻转都蕴含着对咖啡艺术的致敬。这不仅仅是一次学习任务，更是一场心灵与味蕾的浪漫邂逅。同学们将在系统学习咖啡烘焙原理与技巧后，亲手实践不同温度曲线下的烘焙过程，感受咖啡豆从生豆到熟豆的华丽蜕变。

【任务分析】

润心饮品研创社团深入剖析咖啡烘焙专题，成员们如同科学家般细致入微地参与学习任务。他们不仅要了解咖啡烘焙机的工作原理、咖啡烘焙过程中的物理与化学变化，在此基础上研究烘焙温度与时间的微妙平衡，更要探讨不同咖啡豆特性对烘焙效果的影响。通过数据记录与风味品鉴，以演讲、展览等方式展示各小组的烘焙成果和学习心得，帮助社团成员逐步解锁咖啡烘焙的奥秘，提升咖啡制作技艺，激发大家对咖啡文化的深刻理解和热爱。

【任务实施】

1）咖啡烘焙的意义

咖啡烘焙作为咖啡制作过程中不可或缺的一环，其重要性不言而喻。它不仅是将绿色咖啡生豆转化为香气四溢、口感丰富的熟豆的关键步骤，更是塑造咖啡独特风味与个性的艺术过程。

烘焙过程中，温度、时间、风速的微妙调整，都能引发咖啡豆内部发生复杂的化学反应，从而释放出层次分明的香气、酸度与甜度。

2）咖啡烘焙的定义

咖啡烘焙是指将精选的绿色咖啡生豆通过特定设备，在精确控制温度与时间条件下进行加热处理的过程。这一过程不仅促使咖啡豆内部的水分蒸发，更引发了复杂的物理与化学变化，如美拉德反应与焦糖化反应，从而释放出咖啡豆原有的香气成分，并赋予其独特的色泽、风味与口感。

咖啡烘焙是咖啡产业链中至关重要的环节，它决定了咖啡产品最终的品质与特色。根据烘焙程度的不同，咖啡可分为浅烘、中烘、深烘三种风格，每种风格都拥有其独特的香气特征与风味表现，满足了不同消费者的口味偏好。

3）咖啡烘焙机的类型

在探索咖啡世界的旅途中，烘焙作为咖啡豆转化为风味独特的饮品的关键步骤，其重要性显而易见。随着咖啡文化的日益普及，市场上涌现出多种类型的咖啡烘焙机，它们各自拥有独特的设计与功能特点，以满足不同烘焙师和咖啡馆的需求。目前主流咖啡烘焙机主要有以下三种类型。

（1）直火式烘焙机

①工作原理：直火式烘焙机，顾名思义，就是直接通过火焰对咖啡豆进行加热烘焙的设备。这种机器通常配备有燃气或木柴燃烧装置，热量直接传递给咖啡豆，实现高效的热传导。

②烘焙特点：A）风味浓郁，由于火焰直接接触咖啡豆，能够产生丰富的香气和焦糖化反应，使烘焙出的咖啡风味更加浓郁复杂。B）操作灵活，烘焙师可以通过调整火焰大小、烘焙时间和咖啡豆的翻动频率来精细控制烘焙过程，实现个性化的风味追求。

③适用场所：适合追求极致风味与个性化烘焙的专业咖啡馆和小型烘焙工坊。

图 3.11　直火式烘焙机

（2）热风式烘焙机

①工作原理：热风式烘焙机采用热空气循环系统对咖啡豆进行加热烘焙。通过加热元件产生的高温空气，在烘焙室内循环流动，均匀包裹并加热咖啡豆。

②烘焙特点：A）均匀烘焙，热风循环确保了咖啡豆受热均匀，减少了烘焙过程中的焦糊风险，使每颗豆子都能达到理想的烘焙度。B）易于控制，现代化的热风式烘焙机配备了精密的温控系统，能够精确设定并维持烘焙温度，使烘焙过程更加稳定可控。

③适用场所：适合需要大规模、高效率、稳定品质烘焙的商业化应用场景，如大型连锁咖啡馆和烘焙工厂。

（3）半直火半热风式烘焙机

①工作原理：作为直火与热风技术的结合体，半直火半热风式烘焙机既利用了火焰的直接加热效果，又结合了热风的均匀加热特性，实现了两者优势的互补。

②烘焙特点：A）综合优势，结合了直火烘焙的浓郁风味与热风烘焙的均匀性，能够创造出既丰富又平衡的咖啡风味。B）灵活调整，烘焙师可以根据咖啡豆的特性及个人偏好，灵活调整火焰与热风的比例，实现定制化的烘焙效果。

③适用场所：适合追求高品质、个性化烘焙效果的专业烘焙师及高端咖啡馆。

图3.12　热风式烘焙机　　　　　　图3.13　半直火半热风式烘焙机

4）咖啡烘焙的流程

一个完整的咖啡烘焙流程不仅需要精确的技术控制，还需要对咖啡豆特性有深入的了解。典型的咖啡烘焙流程一般包括以下五个环节。

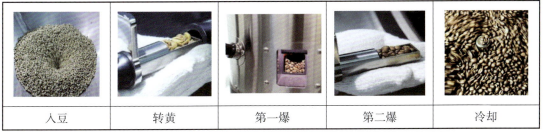

| 入豆 | 转黄 | 第一爆 | 第二爆 | 冷却 |

图3.14　咖啡烘焙流程图

（1）入豆

将预处理好的咖啡豆均匀投入烘焙机内，开始正式烘焙流程。

（2）转黄

多余的水分被带出咖啡豆后，褐化反应的第一阶段就开始了。咖啡豆在这个阶段结构仍然非常紧实，且带有类似印度香米及烤面包般的香气。很快，咖啡豆开始膨胀，表层的银皮开始脱落，被烘豆机的抽风装置排到银皮收集桶中，桶内的银皮会被清除并移至别处，避免造成火灾。

（3）第一爆

褐化反应加速时，咖啡豆内开始产生大量的气体及水蒸气。当内部的压力增加太多时，咖啡豆开始爆裂，发出清脆的声响，同时膨胀至将近两倍大小，咖啡风味开始发展。第一爆结束后，咖啡豆的表面看上去会较为平滑，但仍有少许皱褶。这个阶段决定了咖啡最终上色的深度及烘焙的实际深度，烘得越久，苦味越强。

（4）第二爆

到这个阶段，咖啡豆再次出现爆裂声，不过此阶段的声音较细微且更密集。咖啡豆烘焙到第二遍，内部的油脂会更容易被带到豆表，大部分的酸味会消退，并产生一种新的风味，通常被称为"烘焙味"。

（5）冷却

当咖啡豆达到预定烘焙程度后，立即停止加热，并迅速将咖啡豆移出烘焙机进行冷却。这一步骤对于固定烘焙成果、防止过度烘焙至关重要。冷却后的咖啡豆需储存在密封容器中，以保持其新鲜度。

烘焙流程结束后烘焙师还会通过杯测等方式对烘焙后的咖啡豆进行品质评估，包括香气、味道、酸度、甜度、苦味和余韵等方面。根据评估结果调整烘焙参数，以不断优化烘焙工艺。通过精心控制每个步骤的参数和条件，烘焙师能够创造出具有独特风味和个性的咖啡产品。

5）咖啡烘焙的阶段

咖啡的烘焙程度是塑造其最终风味的关键因素之一，从浅至深，将咖啡烘焙程度划分为八个阶段，每一阶段都赋予了咖啡豆独特的香气、味道和口感。

（1）极浅烘焙（Cinnamon Roast）

这是烘焙程度最浅的级别，咖啡豆表面呈现淡雅的浅黄色至浅棕色，几乎保留了生豆的原始风味。极浅烘焙的咖啡带有鲜明的果酸味和花香，口感清新明亮，仿佛能直接品尝到咖啡豆产地的阳光与雨露。

（2）浅烘焙（Light Roast）

浅烘焙的咖啡豆颜色加深至浅或中等的棕色，酸度依然较高，但已开始展现出烘焙带来的甜感和坚果香气。这种烘焙程度的咖啡适合喜欢轻盈口感和明亮果酸的人。

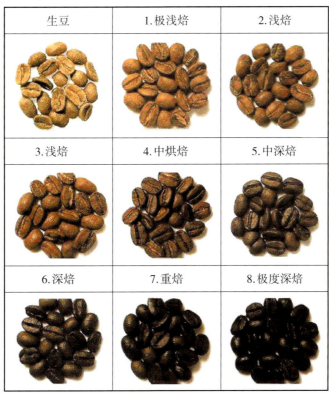

图 3.16　咖啡烘焙的八个阶段

（3）浅中烘焙（Light-Medium Roast）

作为浅烘焙与中烘焙之间的过渡阶段，浅中烘焙的咖啡豆颜色更加均匀，酸度适中，甜感与坚果风味逐渐增强。它平衡了酸与甜，适合追求口感层次丰富的咖啡爱好者。

（4）中烘焙（Medium Roast）

中烘焙是许多咖啡爱好者的首选，因为它在酸度与甜度之间达到了完美的平衡。此时咖啡豆颜色为中等棕色，带有明显的焦糖香气和适度的坚果风味，口感均衡而圆润。

（5）中深烘焙（Medium-Dark Roast）

随着烘焙程度的进一步加深，中深烘焙的咖啡豆颜色转为深棕色，并开始出现油光。酸度显著降低，焦糖和巧克力的风味更加突出，口感更加浓郁和饱满。

（6）城市烘焙（City Roast）

城市烘焙位于中深烘焙与深烘焙之间，是许多专业咖啡馆常用的烘焙程度。咖啡豆颜色深邃，油光明显，焦糖与巧克力的味道更为浓郁，同时保留了一定的酸度余韵，适合喜欢浓郁而不失细腻口感的咖啡爱好者。

（7）深烘焙（Full City + Roast）

深烘焙的咖啡豆颜色接近黑色，油光闪闪，酸度几乎消失，取而代之的是强烈的焦糖味、巧克力味和轻微的焦香味。这种烘焙程度的咖啡口感醇厚，风味浓郁，是制作意式浓缩咖啡等高压萃取饮品的理想选择。

（8）法式烘焙（French Roast）

作为烘焙程度最深的级别，法式烘焙的咖啡豆几乎全黑，油光四溢。它带有强烈的焦糖、巧克力和烟熏风味，有时甚至能品尝到木质或炭烧的味道。这种烘焙程度的咖啡口感极为浓郁且厚重，适合喜欢重口味或特殊风味的咖啡爱好者。

每个烘焙程度都有其独特的风味特性和适用场景，选择合适的烘焙程度是提升咖啡品质的关键。烘焙师需要根据咖啡豆的品种、产地以及目标风味来精确控制烘焙过程，以达到最佳效果。

▶【素质提升】　　　　　独具匠心的咖啡烘焙师的故事

在小镇的一隅，有一家历史悠久的咖啡馆，它的主人老李是一位资深的咖啡烘焙师。这家咖啡馆不仅是镇上人休闲聚会的好去处，更是老李传承与发扬咖啡文化的独特舞台。每当有新的学徒加入，老李都会带着他们走进烘焙室，开始一段关于"匠心、坚持与责任"的故事。

"看这些咖啡豆，"老李指着面前的一堆生豆说道，"它们来自世界各地，每一颗都承载着阳光、雨露和农民的辛勤劳动。而我们的任务，就是通过烘焙让它们释放出最真实、最美好的味道。"

"烘焙就像人生，需要耐心和细心。温度过高咖啡豆会烧焦，温度过低则无法激发出其应有的香气。这告诉我们，做任何事情都要把握好度，既不能急于求成，也不能懈怠拖延。"老李语重心长地说。

最让学徒们感动的是老李对责任的坚守。他常说："我们烘焙的不仅仅是咖啡，更是顾客的承诺和信任。只有用心去做，才能赢得别人的尊重和认可。"因此，在烘焙的每一个环节，老李都亲自把关，确保每一杯咖啡都能达到最佳品质。

在老李的悉心教导下，学徒们不仅掌握了咖啡烘焙的技艺，更深刻地理解了匠心、坚持与责任的意义。他们开始将这些理念融入自己的生活和工作，用实际行动去践行和传承。老李的故事在小镇上传为佳话，他的咖啡馆也因此成为镇上人心中的一块宝地。夜幕降临，咖啡馆里却总是灯火通明，人们围坐在一起品尝着老李亲手烘焙的咖啡，感受着那份来自心底的温暖和力量。

【任务考核】

1.任务完成

以小组为单位完成咖啡烘焙相关资料的收集、整理，并以PPT、海报或视频等形式，根据老师的指导，在课堂上进行展示宣讲，分享各组对咖啡烘焙的意义的理解和感悟，总结所学内容，尝试咖啡烘焙实践，在体验咖啡烘焙的过程中深刻感悟咖啡烘焙师的匠心、坚持与责任。

2.评价与改进

以小组为单位，由组长组织，根据表中的要求对各组同学作出相应的评价，并对被评价的同学提出改进建议。

表3.3　咖啡烘焙综合评价表

评价项目	评价内容	个人评价	小组评价	教师评价
任务准备工作	（1）个人任务分工完成情况 （2）个人综合职业素养	☺ ☺ ☹ □ □ □ □ □ □	☺ ☺ ☹ □ □ □ □ □ □	☺ ☺ ☹ □ □ □ □ □ □
任务展示过程	课堂学习积极性	☺ ☺ ☹ □ □ □	☺ ☺ ☹ □ □ □	☺ ☺ ☹ □ □ □
知识掌握	（1）咖啡烘焙的意义	☺ ☺ ☹ □ □ □	☺ ☺ ☹ □ □ □	☺ ☺ ☹ □ □ □
	（2）咖啡烘焙的定义	☺ ☺ ☹ □ □ □	☺ ☺ ☹ □ □ □	☺ ☺ ☹ □ □ □
	（3）咖啡烘焙机的类型	☺ ☺ ☹ □ □ □	☺ ☺ ☹ □ □ □	☺ ☺ ☹ □ □ □
	（4）咖啡烘焙的流程	☺ ☺ ☹ □ □ □	☺ ☺ ☹ □ □ □	☺ ☺ ☹ □ □ □
	（5）咖啡烘焙的阶段	☺ ☺ ☹ □ □ □	☺ ☺ ☹ □ □ □	☺ ☺ ☹ □ □ □
课后任务拓展	（1）拓展任务完成情况 （2）在线课程学习情况	☺ ☺ ☹ □ □ □ □ □ □	☺ ☺ ☹ □ □ □ □ □ □	☺ ☺ ☹ □ □ □ □ □ □
学习态度	积极认真的学习态度	☺ ☺ ☹ □ □ □	☺ ☺ ☹ □ □ □	☺ ☺ ☹ □ □ □
团队精神	（1）团队协作能力 （2）解决问题的能力 （3）创新能力	☺ ☺ ☹ □ □ □ □ □ □ □ □ □	☺ ☺ ☹ □ □ □ □ □ □ □ □ □	☺ ☺ ☹ □ □ □ □ □ □ □ □ □
综合评价	☺ ☺ ☹ □ □ □			

任务4 咖啡豆研磨

【任务目标】

1. 了解咖啡豆研磨的基本原理及研磨度对咖啡萃取的影响。
2. 熟练掌握咖啡豆研磨工具的选择与正确使用。
3. 鼓励学生进行创新实践，保持学科的前瞻性和创新性。

【任务描述】

在柔和的晨光中，润心饮品研创社团的成员们齐聚于咖啡室，在精心布置的工作台上摆放着各式各样的研磨机，从经典的手摇式到现代的电动式，每一台都承载着极致追求咖啡风味的匠心理念。随着研磨机的运转，咖啡豆逐渐化为细腻的粉末，散发出阵阵诱人的香气，今天社团同学们在体验咖啡研磨技艺的过程中，相互交流心得，分享各自研磨出的咖啡粉的不同之处，以及对未来冲泡出的咖啡风味的期待。

【任务分析】

润心饮品研创社团的咖啡豆研磨学习任务，不仅是一次技术性的操作练习，更是一次对咖啡豆特性、研磨原理及其与咖啡风味之间的关系的全面剖析。同学们需要将各组搜集到的资料进行整理，对咖啡研磨机器进行介绍，同时还要分享自己对咖啡研磨的意义及研磨程度对咖啡萃取风味的影响。

【任务实施】

咖啡研磨在咖啡制作流程中占据着举足轻重的地位，其重要性不言而喻。研磨不仅是将咖啡豆从坚硬的颗粒转化为细腻粉末的物理过程，更是开启咖啡风味之旅的关键步骤。恰当的研磨能够最大化地释放咖啡豆蕴藏的香气、味道与风味物质，为后续的冲泡过程奠定坚实的基础，只有掌握了研磨的精髓，才能制作出一杯令人陶醉的优质咖啡。

1）咖啡研磨的目的

咖啡研磨是将咖啡豆从完整的颗粒状态转变为不同粗细程度的粉末状。这一过程的主要目的是增加咖啡豆的表面积，使热水在冲泡时能更充分地与咖啡粉接触，从而提高咖啡中可溶性物质的溶解效率，包括咖啡因、酸质、糖分、油脂以及多种芳香化合物。

2）咖啡研磨工具

在咖啡制作的精细艺术中，研磨工具扮演着至关重要的角色，它们是将咖啡豆转化为适宜冲泡状态的颗粒的必备工具。不同的研磨工具不仅在效率和设计上有所区别，它们在影响咖啡的最终风味上区别更大。咖啡研磨工具种类多样，依据不同的分类标准可划分为不同类别。

（1）按研磨方式分类

①刀片式研磨机（Blade Grinder）。

工作原理：利用高速旋转的刀片切割咖啡豆，形成碎片状颗粒。

优点：结构简单，价格低廉，适合临时或少量研磨需求。

缺点：研磨出的咖啡粉均匀度差，易产生细粉和过热现象，影响咖啡风味。

图3.16　刀片式研磨机磨盘

②锥形研磨机（Burr Grinder）。

工作原理：通过两个锥形或锥形与平板结合的研磨盘相互挤压、研磨咖啡豆。

优点：研磨出的咖啡粉均匀，颗粒形状规则，有助于保持咖啡风味。

缺点：价格相对较高，维护成本也较高。

（2）按使用场景分类

①家用研磨机。

设计：注重便捷性、易用性和美观性，通常体积较小，适合家庭使用。

功能：具备多种研磨设置，可根据不同冲泡方式调整研磨度。

价格：从经济型到高端型均有，满足不同预算需求。

②商用研磨机。

设计：强调高效性、稳定性和耐用性，通常体积较大，适合咖啡馆等商家使用。

功能：具备大容量豆仓、定量研磨、低噪声运行等实用功能。

价格：价格定位相对较高，但能够满足高频率、大批量的研磨需求。

图 3.17　家用研磨机

图 3.18　商用研磨机

（3）按研磨盘类型分类

①平刀研磨机（Flat Burr Grinder）。

研磨盘形状：两个平行的平面研磨盘。

优点：研磨速度快，适合大批量研磨；调整研磨度时灵敏度较高。

缺点：易产生细粉，需要定期清理。

②锥刀研磨机（Conical Burr Grinder）。

研磨盘形状：一个锥形研磨盘和一个平板研磨盘或两个锥形研磨盘相对而置。

优点：研磨均匀，颗粒形状规则；产生的热量和摩擦较少，有助于保护咖啡风味。

缺点：相对于平刀研磨机，研磨速度可能稍慢。

图 3.19　平刀研磨机磨盘

图 3.20　锥刀研磨机磨盘

（4）按操作方式分类

①手动研磨机。

操作方式：通过人力旋转手柄进行研磨。

优点：不需要电力，便于携带和清洁；能够给予用户更多控制研磨度的机会。

缺点：研磨速度较慢，不适合大批量的研磨需求。

②电动研磨机。

操作方式：通过电力驱动研磨盘旋转进行研磨。

优点：高效快捷，能够在短时间内完成大量咖啡豆的研磨；具备多种研磨设置和智能功能。

缺点：需要电力支持，部分型号可能产生噪声和热量。

（5）按咖啡萃取方式分类

①单品研磨机。

单品研磨机专为手冲、滴滤、法压等单品咖啡冲泡方式设计，其灵活的研磨调节功能可以精准地匹配不同咖啡豆的特性及冲泡需求。无论是浅烘焙的清新果香，还是深烘焙的浓郁焦糖味，单品研磨机都能通过细致的研磨调整，充分释放咖啡豆的原始风味。其多样化的研磨刀盘设计，如鬼齿、平刀或锥刀，各自以其独特的研磨效果，为咖啡爱好者们带来探索更多风味的可能性。

图 3.21　手动研磨机

②意式研磨机。

意式研磨机更专注于为意式浓缩咖啡提供精准的研磨支持，其大直径的平刀盘设计，确保了研磨过程中的高效与均匀，使咖啡粉颗粒更适合高压萃取的要求。意式研磨机通常具备精确的研磨度调节功能，能够轻松应对不同品牌和烘焙度的咖啡豆，确保每一杯意式浓缩咖啡都能达到口感与风味的最佳平衡。此外，为了满足咖啡馆等商家的需求，意式研磨机还往往配备了定量研磨、低噪声运行等实用功能，提升了制作效率与用户体验。

咖啡研磨工具根据研磨方式、使用场景、研磨盘类型及操作方式等标准可分为多种类型，每种类型都有其独特的特点和适用场景。在选择咖啡研磨工具时，建议根据个人需求、预算及冲泡方式等因素进行综合考虑。

图 3.22　单品研磨机

图 3.23　意式研磨机

3）咖啡研磨程度

咖啡研磨度指的是咖啡豆被研磨后颗粒的大小和分布状态。它直接影响咖啡粉与水的接触面积、萃取速度以及最终咖啡的风味表现。研磨度越细，咖啡粉颗粒越小，与水接触的面积就越大，萃取速度也相应加快；反之，研磨度越粗，咖啡粉颗粒越大，萃取速度则减慢。

研磨度通常根据咖啡冲泡方式的不同而有所区分，但大致可以分为以下几个类别：

研磨等级	冲泡方式对应咖啡粉粗细建议
细粉（1档）	意式咖啡壶
中细粉（2—3档）	摩卡壶
中度粉（3—4档）	过滤咖啡壶
中粗粉（4—5档）	法亚壶
粗粉（5—6档）	冷萃咖啡

图 3.24　咖啡研磨程度图

（1）极细研磨

极细研磨适用于土耳其咖啡等高压冲泡方式，颗粒极细，接近粉末状。

（2）细研磨

细研磨常用于意式浓缩咖啡的制作，颗粒细小且均匀，以确保在高压下能够迅速且充分地萃取出咖啡的油脂和风味。

（3）中细研磨

中细研磨适合滴滤咖啡（如手冲、滴漏）等中等压力或自然滴落的冲泡方式，颗粒适中，既能保证萃取效率，又能避免过度萃取。

（4）中粗研磨

中粗研磨常用于法压壶、虹吸壶等低压力或浸泡式的冲泡方式，颗粒稍大，以减少萃取速度，避免苦涩味。

（5）粗研磨

粗研磨适用于冷萃咖啡或某些特定风味的滴滤咖啡，颗粒较大，萃取速度最慢，能够保留咖啡豆的原始风味和香气。

4）咖啡研磨对咖啡风味的影响

研磨度是影响咖啡萃取过程的关键因素之一，它直接关系到咖啡的萃取效率和风味表现。不同的研磨度能够释放出咖啡豆中不同的风味成分，从而赋予咖啡独特的风味特征。

（1）萃取速度

研磨度越细，萃取速度越快；研磨度越粗，萃取速度越慢。过快的萃取速度可能导致咖啡过萃，产生苦涩味；过慢的萃取速度则可能导致萃取不足，咖啡味道平淡。

（2）萃取均匀性

研磨度的一致性对萃取均匀性至关重要。颗粒大小不均匀会导致萃取不均匀，部分咖啡粉过度萃取，部分则萃取不足，影响整体风味。

（3）风味表现

不同的研磨度能够凸显咖啡豆的不同风味特点。例如，细研磨能够更多地萃取出咖啡的油脂和浓郁口感；粗研磨则能更好地保留咖啡豆的原始香气和清新口感。

► 【素质提升】　　　　　　　　　　用心悟得"研磨"之道

　　年轻的咖啡学徒李明接到师父的任务，师父让他负责研磨一批精选的咖啡豆，准备为一位重要的客人制作咖啡。李明按照常规操作，快速完成了研磨任务。但当咖啡端上桌时，客人轻轻抿了一口，便皱起了眉头，直言咖啡的口感不够细腻，风味未能完全释放。

　　师父没有责备李明，而是亲自上阵，重新研磨了一遍咖啡豆。这一次，师父的动作缓慢而有力，随着研磨机的缓缓转动，一股浓郁的咖啡香弥漫开来，与之前的截然不同。当新的咖啡再次呈现给客人时，客人露出了满意的笑容，并连声称赞。

　　事后，师父对李明说："咖啡研磨，不仅仅是将咖啡豆变成粉末那么简单。它是一门艺术，需要用心去感受每一粒咖啡豆的特质，用时间磨砺出最完美的风味。"李明深受触动，他开始重新审视咖啡研磨这一环节，用心感受每一次研磨的过程，不断调整和完善自己的技艺。随着时间的推移，他的咖啡研磨技术日益精湛，他也逐渐明白了师父话语中的深意——无论是研磨咖啡还是面对生活，都需要有耐心、有恒心、有匠心，只有拥有这些，才能收获最美好的结果。

【任务考核】

1. 任务完成

以小组为单位完成咖啡豆研磨相关的资料收集、整理，并制作PPT、撰写专项学习报告。通过对比不同研磨度下咖啡的口感和风味，了解研磨度对咖啡品质的影响，将学习过程中的理论知识、实践操作、数据分析以及个人感悟整理成报告，清晰明了地阐述研磨度对咖啡品质的影响以及个人在体验咖啡研磨的过程中的收获和体会。

2. 评价与改进

以小组为单位，由组长组织，根据表中的要求对各组成员作出相应的评价，并对被评价的同学提出改进建议。

表3.4 咖啡研磨的综合评价表

评价项目	评价内容	个人评价	小组评价	教师评价
任务准备工作	（1）个人任务分工完成情况 （2）个人综合职业素养	☺ ☹ ☹ □ □ □ □ □ □	☺ ☹ ☹ □ □ □ □ □ □	☺ ☹ ☹ □ □ □ □ □ □
任务展示过程	课堂学习积极性	☺ ☹ ☹ □ □ □	☺ ☹ ☹ □ □ □	☺ ☹ ☹ □ □ □
知识掌握	（1）咖啡研磨目的	☺ ☹ ☹ □ □ □	☺ ☹ ☹ □ □ □	☺ ☹ ☹ □ □ □
	（2）咖啡研磨工具	☺ ☹ ☹ □ □ □	☺ ☹ ☹ □ □ □	☺ ☹ ☹ □ □ □
	（3）咖啡研磨程度	☺ ☹ ☹ □ □ □	☺ ☹ ☹ □ □ □	☺ ☹ ☹ □ □ □
	（4）咖啡研磨对风味的影响	☺ ☹ ☹ □ □ □	☺ ☹ ☹ □ □ □	☺ ☹ ☹ □ □ □
课后任务拓展	（1）拓展任务完成情况 （2）在线课程学习情况	☺ ☹ ☹ □ □ □ □ □ □	☺ ☹ ☹ □ □ □ □ □ □	☺ ☹ ☹ □ □ □ □ □ □
学习态度	积极认真的学习态度	☺ ☹ ☹ □ □ □	☺ ☹ ☹ □ □ □	☺ ☹ ☹ □ □ □
团队精神	（1）团队协作能力 （2）解决问题的能力 （3）创新能力	☺ ☹ ☹ □ □ □ □ □ □ □ □ □	☺ ☹ ☹ □ □ □ □ □ □ □ □ □	☺ ☹ ☹ □ □ □ □ □ □ □ □ □
综合评价	☺ ☹ ☹ □ □ □			

项目 4

精品咖啡的萃取与调制

【导读】

咖啡是一种受欢迎的饮品，越来越多的人开始关注咖啡的生产过程。从咖啡豆的采摘到咖啡粉的萃取，再到咖啡的调制，每一步都是咖啡制作的关键。为了调制出最佳风味的咖啡，我们需要对这些因素进行综合考虑。咖啡的萃取和调制是一个复杂的过程，需要对细节进行关注。

【项目背景】

咖啡萃取是一种让咖啡爱好者沉浸其中的独特体验。从研磨咖啡豆到注入热水，每一个步骤都需要细心呵护。这种独特的制作方式不仅能萃取出咖啡更丰富的口感和香气，使得每一杯都充满了艺术和情感的味道。咖啡萃取之所以如此引人入胜，不仅在于其独特的萃取方式，更在于萃取后咖啡丰富多变的味道。每一次萃取，都是一次对咖啡豆本身特性的释放与发掘，因此，同一种咖啡豆在不同的萃取方式下，可能呈现出截然不同的风味。这种变化无疑增加了品尝咖啡的乐趣，也挑战着咖啡爱好者对咖啡的认知。

【项目目标】

1.定义解读：明确咖啡萃取的相关概念。

2.标准学习：深入解析精品咖啡冲泡器具的名称和作用。

3.过程体验：通过在技能教室模拟实践，提升同学们在专业器具方面的认知。

4.文化感知：激发同学们对咖啡专业的热爱与尊重，培养精益求精的工匠精神。

5.技能提升：鼓励同学们在了解精品咖啡萃取标准的基础上，勇于探索创新，为咖啡品质的提升贡献自己的智慧与力量。

【学习建议】

1.文化交流：邀请知名咖啡师或行业专家进行咖啡萃取展示。组织润心饮品研创社团进行观摩，促进同学之间的交流与学习。

2.网络学习：利用网络资源，如各类在线精品课程、视频教程和国际咖啡组织、世界咖啡研究所等官方网站，了解精品咖啡萃取的最新工艺。

3.项目总结与展示：同学们以小组形式总结学习成果，撰写项目报告或制作PPT进行展示，分享对自己所学所知的理解与感悟。

任务1 金杯萃取的定义

【任务目标】

1.了解金杯萃取的概念。

2.掌握咖啡萃取的关键要素和最佳范围。

3.增强精益求精的精神以及对咖啡萃取的卓越追求。

【任务描述】

同学们在润心饮品研创社团组织的分享会上观摩社团老师邀请的行业专家给同学们进行金杯萃取的展示。不少同学提出一些疑惑：什么叫金杯萃取？需要注意哪些关键的要素？为了解答同学们的疑惑，社团成员准备做一期"金杯萃取"课程，在社团老师的帮助和指导下，同学们认真地进行理论知识的收集、整理和分析，并按照分工积极地做着准备，他们应该从哪些方面为同学们解读呢？

【任务分析】

润心饮品研创社团要做好"金杯萃取"课程，首先，分组分工搜集相关资料，包括金杯萃取的概念、咖啡萃取的关键要素和最佳范围等方面的知识，以丰富展示内容。其次，同学们需要将各组搜集到的资料进行整理，并制作PPT、撰写讲课稿等进行展示宣讲，邀请参与活动的同学分享自己对"金杯萃取"的理解和感悟。

【任务实施】

1）金杯萃取的概念

咖啡萃取简单来说，就是水通过咖啡粉的时候，带走咖啡粉中的一部分可溶性物质。通俗地讲，一杯咖啡就是水和可溶性物质的完美结合。金杯萃取是咖啡制作中的一个重要理论和标准，旨在追求咖啡的最佳口感和风味。

2）金杯萃取的关键要素

①咖啡粉与水的比例：一般在1∶15~1∶20。
②水温：通常在92~94 ℃。
③萃取时间：2~4分钟。

3）金杯萃取的最佳范围

（1）萃取率

在可析出物中萃取60%~70%为最佳，即萃取率在18%~22%。小于60%即萃取不足，咖啡将呈现风味不完整；大于70%（整体22%以上萃取率）则为过度萃取，咖啡将呈现出更多不好的味道。也就是说10 g咖啡粉冲泡咖啡理论最大可萃出30%（3 g）的咖啡可溶出物，但期望最佳的萃取率（依照SCAE标准）在18%~22%（1.8~2.2 g）。

（2）浓度

最合适的咖啡浓度在1.0%~1.5%，滴滤咖啡最佳金杯浓度为1.2%~1.45%。小于1.0%则会清淡无味，如果太高的咖啡浓度，即1.5%以上（对滴滤咖啡而言），则会有不好的口感。

图4.1 咖啡浓度测试仪

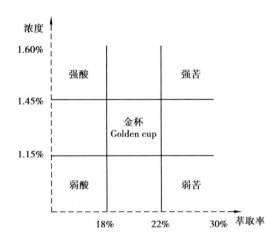

图4.2 金杯萃取"浓度"与"萃取率"区间

▶【素质提升】　　　　做出属于自己的"金杯萃取"

　　亲爱的同学们，金杯萃取是一种概念，我们无法确保所有人都能共鸣于同一种标准的美妙。记住，那落入金杯萃取范围内的咖啡，并不一定就能触动每个人的心弦；而那游离于金杯萃取范围之外的咖啡，也未必就是苦涩的代名词。只要那杯咖啡能经过你的舌尖上，让你绽放出属于你的笑容，那么，它就是那杯专属于你的"金杯萃取"。当我们转身，面对那些期待品尝的客人，特别是那些开店迎客、与消费者亲密接触的从业者，我们的研究对象便不再局限于自我，而是扩展到每一位踏入店门的客人。若能以诚挚之心，倾听并记录每一位客人的反馈，将这些宝贵的数据细细探索、深入研究，那么，属于你店铺独特光芒的"金杯萃取"定会在某日悄然显现。

【任务考核】

1.任务完成

　　以小组为单位完成咖啡金杯萃取相关资料的收集、整理，并以PPT、海报或视频等形式，根据老师的指导，在课堂上进行展示宣讲，分享各组对咖啡金杯萃取定义的理解和感悟，总结所学内容，并反思制作一杯完美的咖啡背后的启示和意义。

2.评价与改进

　　以小组为单位，由组长组织，根据表中的要求对各组成员作出相应的评价，并对被评价的同学提出改进建议。

表 4.1 金杯萃取的定义综合评价表

评价项目	评价内容	个人评价	小组评价	教师评价
任务准备工作	(1) 个人任务分工完成情况 (2) 个人综合职业素养	☺ ☺ ☹ □ □ □ □ □ □	☺ ☺ ☹ □ □ □ □ □ □	☺ ☺ ☹ □ □ □ □ □ □
任务展示过程	课堂学习积极性	☺ ☺ ☹ □ □ □	☺ ☺ ☹ □ □ □	☺ ☺ ☹ □ □ □
知识掌握	(1) 金杯萃取的概念	☺ ☺ ☹ □ □ □	☺ ☺ ☹ □ □ □	☺ ☺ ☹ □ □ □
	(2) 金杯萃取的关键要素	☺ ☺ ☹ □ □ □	☺ ☺ ☹ □ □ □	☺ ☺ ☹ □ □ □
	(3) 金杯萃取的最佳范围	☺ ☺ ☹ □ □ □	☺ ☺ ☹ □ □ □	☺ ☺ ☹ □ □ □
课后任务拓展	(1) 拓展任务完成情况 (2) 在线课程学习情况	☺ ☺ ☹ □ □ □ □ □ □	☺ ☺ ☹ □ □ □ □ □ □	☺ ☺ ☹ □ □ □ □ □ □
学习态度	积极认真的学习态度	☺ ☺ ☹ □ □ □	☺ ☺ ☹ □ □ □	☺ ☺ ☹ □ □ □
团队精神	(1) 团队协作能力 (2) 解决问题的能力 (3) 创新能力	☺ ☺ ☹ □ □ □ □ □ □ □ □ □	☺ ☺ ☹ □ □ □ □ □ □ □ □ □	☺ ☺ ☹ □ □ □ □ □ □ □ □ □
综合评价	☺ ☺ ☹ □ □ □			

任务2 认识咖啡冲泡器具

【任务目标】

1.了解咖啡冲泡器具的名称。

2.掌握咖啡冲泡器具的特点和用途。

3.增强精益求精的精神以及对咖啡豆品质的卓越追求。

【任务描述】

同学们在润心饮品研创社团组织的分享会上品尝着美味的手冲精品咖啡，不少同学提出一些疑惑：这些咖啡是如何冲泡出来的？使用了哪些器具？这些器具各自有哪些特点和用途？为了解答同学们的疑惑，社团成员准备做一期"咖啡冲泡器具"课程，在社团老师的帮助和指导下，同学们认真地进行理论知识的收集、整理和分析，并按照分工积极地做着准备，他们应该从哪些方面为同学们进行解读呢？

【任务分析】

"润心饮品"团队要做好"咖啡冲泡器具"课程，首先，分组分工搜集相关资料，包括咖啡冲泡器具的名称以及咖啡冲泡器具的特点和用途等方面的知识，以丰富展示内容。其次，同学们需要将各组搜集到的资料进行整理，并制作PPT、撰写讲课稿等进行展示宣讲，邀请参与活动的同学分享自己对"咖啡冲泡器具"的理解和感悟。

【任务实施】

1）常用咖啡冲泡器具的名称

①法压壶。
②爱乐压。
③摩卡壶。
④虹吸壶。
⑤滴滤杯手冲器具。

2）咖啡冲泡器具的特点和用途

（1）法压壶

特点：萃取出的咖啡醇厚，适合与牛奶搭配；操作简单、高效，能够用最直接的方式萃取出咖啡的丰富口味；且过滤器是金属材质的，无须重复购买滤纸。

萃取方法：将粗研磨的咖啡粉倒入壶中，再倒入热水搅拌，浸泡2~6分钟（具体时间视咖啡品种而定），下压滤杆，让咖啡渣与咖啡分离，咖啡便制作完成。

（2）爱乐压

特点：制作快捷，萃取出的咖啡口感纯净；体积小巧，方便携带，适合旅行使用，唯一的缺点是一次只能做一杯咖啡。

萃取方法：将咖啡粉倒入壶中浸泡，然后用活塞迫使咖啡滤过滤纸即可。

图4.3 法压壶　　　　　　　　　　图4.4 爱乐压

（3）摩卡壶

特点：能够做出如意大利浓缩咖啡般醇厚的咖啡；外观精致，方便清洗，适合装饰。

萃取方法：咖啡壶由可烧水的底壶、如烟囱般的金属过滤器和装咖啡的顶壶构成。制作过程中，烧开的水因蒸汽压力穿过装有咖啡粉的过滤器，然后进入顶壶。

（4）虹吸壶

特点：虹吸壶制作单品咖啡能够最大限度地提取咖啡豆的初始香气，使咖啡口感清新香醇，保留了咖啡爽口且清甜的成分。

萃取方法：虹吸壶分为上壶和下壶，下壶中的水被加热后产生水蒸气与压力，这些水蒸气通过管道传递到上壶，与咖啡粉接触并萃取出咖啡。萃取完成后，关火并移开火源，此时下壶已经呈半真空状，失去向上的压力，咖啡液因此被吸回下壶，完成整个萃取过程。

图4.5 摩卡壶　　　　　　　　　　图4.6 虹吸壶

（5）滴滤杯手冲器具

手冲咖啡的操控感更强，能够给予操作者更多的发挥空间。但操作者需要注意控制冲泡过程中的每一个变量。常见过滤杯有以下几种：

①V60滤杯。

特点：若冲泡精准，咖啡味道明亮、纯净，酸味宜人。

②Kalita滤杯。

特点：冲泡出的咖啡口感更加醇厚，不锈钢材质，适合旅行携带。

图4.7　V60滤杯　　　　　　　　　　图4.8　Kalita滤杯

③聪明杯。

特点：聪明杯咖啡手冲器具的特色在于其设计独特，如底部活塞结构可实现焖煮、浸泡及滤出一体化；性能稳定，确保萃取均匀；操作便捷，省略手冲控水动作，提高可复制性；美观实用，外壁设计独特且材质坚固耐用。

图4.9　聪明杯

▶【素质提升】　　　　　　**做自己咖啡人生的导演**

　　为了能为每一位客人量身打造出他们"偏爱"的咖啡，我们得深入了解每一款单品咖啡冲泡器具的独特魅力。当客人钟情于浓郁的咖啡口感时，我们可以选择那些能充分释放咖啡油脂与香气的器具，比如摩卡壶，它可以利用热水加压的方法，轻松制作出浓郁醇厚的咖啡，满足客人对味觉的极致追求。如果客人偏爱清新柔和的咖啡风味，那么滴滤杯手冲器具便是最佳拍档。还有法压壶，它可是那些追求一步到位、方便快捷的客人的福音。总而言之，每一款器具都有其独特的韵味与使命，根据客人的喜好与需求，精心挑选并运用这些器具为每一位客人呈现出属于他们的专属咖啡故事。

【任务考核】

1.任务完成

以小组为单位完成咖啡冲泡器具相关资料收集、整理，并以PPT、海报或视频等形式，根据老师的指导，在课堂上进行展示宣讲，分享各组对咖啡冲泡器具的理解和感悟，总结所学内容，并反思不同咖啡冲泡器具的使用场景以及特点。

2.评价与改进

以小组为单位，由组长组织，根据表中的要求对各组成员作出相应的评价，并对被评价的同学提出改进建议。

表4.2 咖啡冲泡器具的定义综合评价表

评价项目	评价内容	个人评价	小组评价	教师评价
任务准备工作	(1) 个人任务分工完成情况 (2) 个人综合职业素养	☺ ☺ ☹ □□□ □□□	☺ ☺ ☹ □□□ □□□	☺ ☺ ☹ □□□ □□□
任务展示过程	课堂学习积极性	☺ ☺ ☹ □□□	☺ ☺ ☹ □□□	☺ ☺ ☹ □□□
知识掌握	(1) 咖啡冲泡器具名称	☺ ☺ ☹ □□□	☺ ☺ ☹ □□□	☺ ☺ ☹ □□□
	(2) 咖啡冲泡器具作用	☺ ☺ ☹ □□□	☺ ☺ ☹ □□□	☺ ☺ ☹ □□□
	(3) 咖啡冲泡器具特点	☺ ☺ ☹ □□□	☺ ☺ ☹ □□□	☺ ☺ ☹ □□□
课后任务拓展	(1) 拓展任务完成情况 (2) 在线课程学习情况	☺ ☺ ☹ □□□ □□□	☺ ☺ ☹ □□□ □□□	☺ ☺ ☹ □□□ □□□
学习态度	积极认真的学习态度	☺ ☺ ☹ □□□	☺ ☺ ☹ □□□	☺ ☺ ☹ □□□
团队精神	(1) 团队协作能力 (2) 解决问题的能力 (3) 创新能力	☺ ☺ ☹ □□□ □□□ □□□	☺ ☺ ☹ □□□ □□□ □□□	☺ ☺ ☹ □□□ □□□ □□□
综合评价		☺ ☺ ☹ □□□		

任务3 咖啡磨豆机的使用与保养

【任务目标】

1. 了解咖啡种类定义。
2. 掌握咖啡磨豆机日常清洁保养。
3. 培养专业器具的保养保护意识，深化对咖啡文化的理解与尊重。

【任务描述】

润心饮品研创社团的同学们在一次接待任务中，咖啡磨豆机突然出现故障，好几位同学都没有调试好，只好请来社团老师帮忙。老师帮助同学们修好了咖啡磨豆机，并且发现平日社团的同学们对咖啡磨豆机的保养不到位，导致它出现故障。而同学们对这次故障的原因提出一些疑惑，为了解答同学们的疑惑，社团成员准备做一期"咖啡磨豆机的使用与保养"课程，在社团老师的帮助和指导下，同学们认真地进行理论知识的收集、整理和分析，并按照分工积极地做着准备，他们应该从哪些方面为同学们解读呢？

【任务分析】

"润心饮品"团队要做好"咖啡磨豆机的使用与保养"课程，首先，分组分工搜集相关资料，包括咖啡磨豆机种类、应用以及咖啡磨豆机日常清洁和保养等方面的知识，以丰富展示内容。其次，同学们需要将各组搜集到的资料进行整理，并制作PPT、撰写讲课稿等进行展示宣讲，邀请参与活动的同学分享自己对"咖啡磨豆机的使用与保养"的理解和感悟。

【任务实施】

1) 手摇磨豆机

（1）定义

手摇磨豆机是一种通过手动操作来将咖啡豆研磨成粉末的器具。它通常由磨盘、手柄、豆仓等部分组成，使用者通过转动手柄带动磨盘工作，从而完成磨豆过程。

（2）手摇磨豆机的日常清洁

每次研磨完，用小毛刷清扫磨盘底部、粉仓、磨豆仓即可。有时候为了方便，通过拍打的方式把粉给"震"出来，但仍可能会有残留，所以赠送的小毛刷用处很大。

（3）手摇磨豆机的拆卸保养

经常使用的磨豆机需要每半个月进行一次拆卸清理，主要是清理轴承与刀盘上的咖啡残粉。拆卸下来的刀盘，用小毛刷或者干净的毛巾进行清洁即可，不建议用水冲洗。可用肉眼观察刀盘是否受损，如有受损，会直接影响研磨的精细度，细粉会增多，需要及时更换刀盘。

图4.10　手摇磨豆机

2）电动磨豆机

（1）定义

电动磨豆机是一种使用电动机驱动磨盘和磨头旋转，将咖啡豆研磨成咖啡粉的器具。其功率较高，通常有多个磨头，可以同时磨碎多种豆类，甚至能磨碎用于制作豆浆的较大颗粒的黄豆。工作效率高，操作相对便捷，但使用和维护成本相对较高，需要注意定期清洁和保养。

（2）电动磨豆机的日常清洁

主要是细粉的清洁，可以选择小毛刷或吹尘器清洁磨豆机出仓口。同时需要解决磨豆机"吃粉"的问题。为避免"吃粉""吐粉"造成咖啡串味，需要在研磨前用少许咖啡豆进行"洗磨"。

图4.11　电动磨豆机

（3）电动磨豆机的拆卸和保养

经常使用的电动磨豆机也需要半个月至一个月进行一次拆卸清理。电动磨豆机的拆卸相对复杂，不建议新手拆卸磨盘，需要经验丰富的人或者直接送到专业咖啡修理店进行清洁保养。

3）定期检查与维护

定期检查咖啡磨豆机的使用情况。如果发现它出现了磨损或损坏的迹象，如磨豆机的磨盘或电机出现了问题，应及时进行维修或更换。确保咖啡磨豆机放置在干燥、洁净的地方。避免将其放置在潮湿或灰尘多的地方，因为这可能会损坏它的电路板和机械部件。保持咖啡豆的新鲜，避免将咖啡豆存放超过24小时。避免过度使用咖啡豆机，以免浪费资源和损坏机器。

4）通用保养

（1）豆仓

磨豆机豆仓中的咖啡豆尽量不要过夜，在每次使用完磨豆机或者日常打烊的时候，都应将短时间内不使用的咖啡豆放到密封桶或单向排气阀密封袋中，这样不仅能保证豆子的新鲜程度，也可以使豆仓处于干燥洁净的状态。

（2）磨盘仓

简洁清理法：使用特殊定制的磨豆机清洁药片（一种由谷物制成，可吸附残留油渍，咖啡豆颗粒般大小的药丸）适量放入磨豆机进行研磨，清除磨盘仓中残留的余粉。若担心药片中有残留药物，还可以选择使用适量的速食大米对磨盘进行清洁。普通大米硬度高，会对磨盘造成损伤，丰富的淀粉会对一些非商用磨豆机造成堵塞，但是速食大米硬度低、柔软且少淀粉，更适合用来清洁磨豆机。保养频率：每磨50磅豆子清洁一次。

深度清理法：请专业人士清洁磨豆机。也可以自行遵照说明书的指示先将豆仓取下，使用螺丝刀等工具拆开上方磨盘，使用粉刷扫出所有的残粉，擦除残留的油脂，清洁完成之后再将磨豆机安装完成即可。别忘了，清洁完之后的首次使用需要对磨豆机进行矫正。保养频率：每磨120～150磅咖啡豆清洁一次。使用工具：粉刷或者吸尘器。

（3）粉仓（带粉仓的磨豆机）

咖啡馆大量出品咖啡时，磨豆机可以帮你把咖啡粉提前磨好，不需要再等待磨粉的时间。

磨出的咖啡粉易受潮，香气易挥发，粉仓不及时清洁也极易让咖啡粉沾染上异味。需经常用专用粉刷进行清扫，将残粉清除，打烊时将粉仓完全清洁干净。保养频率：每天多次。

▶【素质提升】   关爱我们的老朋友

一台好的咖啡设备，不仅仅是一个工具，更是我们咖啡旅程中的伙伴。机器的保养并不是一件烦琐的事情，它不需要我们每时每刻给予关注。当你感觉到机器的性能开始有所下降，或者它发出的声音不再那么悦耳时，那就是它在轻轻地告诉你："我需要一点关爱了。"所以，让我们在享受咖啡带来的美味与快乐的同时，也要记得给予那些默默付出的咖啡机器一份应有的关爱吧！

【任务考核】

1.任务完成

以小组为单位完成磨豆机使用与保养相关资料收集、整理，并以PPT、海报或视频等形式，根据老师的指导，在课堂上进行展示宣讲，分享各组对咖啡磨豆机的理解和感悟，总结所学内容，并反思不同咖啡磨豆机的使用与保养。

2.评价与改进

以小组为单位，由组长组织，根据表中的要求对各组成员作出相应的评价，并对被评价的同学提出改进建议。

表4.3　磨豆机使用与保养的定义综合评价表

评价项目	评价内容	个人评价	小组评价	教师评价
任务准备工作	（1）个人任务分工完成情况 （2）个人综合职业素养	☺ ☺ ☹ □ □ □ □ □ □	☺ ☺ ☹ □ □ □ □ □ □	☺ ☺ ☹ □ □ □ □ □ □
任务展示过程	课堂学习积极性	☺ ☺ ☹ □ □ □	☺ ☺ ☹ □ □ □	☺ ☺ ☹ □ □ □
知识掌握	（1）咖啡磨豆机种类	☺ ☺ ☹ □ □ □	☺ ☺ ☹ □ □ □	☺ ☺ ☹ □ □ □
	（2）咖啡磨豆机日常保养	☺ ☺ ☹ □ □ □	☺ ☺ ☹ □ □ □	☺ ☺ ☹ □ □ □
	（3）咖啡磨豆机通用保养事项	☺ ☺ ☹ □ □ □	☺ ☺ ☹ □ □ □	☺ ☺ ☹ □ □ □
课后任务拓展	（1）拓展任务完成情况 （2）在线课程学习情况	☺ ☺ ☹ □ □ □ □ □ □	☺ ☺ ☹ □ □ □ □ □ □	☺ ☺ ☹ □ □ □ □ □ □

续表

评价项目	评价内容	个人评价	小组评价	教师评价
学习态度	积极认真的学习态度	☺ ☺ ☹ □ □ □	☺ ☺ ☹ □ □ □	☺ ☺ ☹ □ □ □
团队精神	(1) 团队协作能力 (2) 解决问题的能力 (3) 创新能力	☺ ☺ ☹ □ □ □ □ □ □ □ □ □	☺ ☺ ☹ □ □ □ □ □ □ □ □ □	☺ ☺ ☹ □ □ □ □ □ □ □ □ □
综合评价	☺ ☺ ☹ □ □ □			

任务4 咖啡的冲煮技艺

实训1 法压壶冲泡咖啡

法压壶
冲泡咖啡

图4.12 法压壶冲泡咖啡

【任务目标】

1. 了解法压壶冲泡咖啡的历史及原理。

2. 掌握法压壶冲泡咖啡的操作流程及注意事项。

3. 增强对咖啡文化的理解，提升沟通与协作能力，培养团队合作精神。

【任务描述】

为了提升社团成员对咖啡文化的理解与鉴赏能力，同时享受手作咖啡的乐趣，社团决定举办一次单品咖啡冲泡的实践活动。法压壶以其简单直接的操作方式和能够完美提取咖啡风味的特点，成为本次活动的首选工具。社团成员们围坐成一圈，桌上摆放着法压壶、新鲜的咖啡豆、电子秤以及温度计，空气中弥漫着即将被唤醒的咖啡香气，同学们纷纷对这场特别的"法压壶冲泡咖啡"学习任务增添了几分期待。

【任务分析】

这项任务不仅是对"润心饮品"团队每位成员的咖啡文化底蕴的检验，更是对精细操作与耐心等待的一次致敬。他们先要了解法压壶冲泡咖啡的历史背景及其独特的冲泡原理，在此基础上按照法压壶冲泡咖啡的操作步骤完成咖啡萃取出品任务。通过理论与实践相结合，在动手操作后，请成员们分享自己的冲泡体验，从水温控制、研磨粗细到浸泡时间等各个方面进行讨论，共同寻找改进的空间。每一次冲泡都是一次新的尝试，通过不断的实践与调整，帮助社员们更加精准地把握每一杯咖啡的精髓，也将这份对咖啡的热爱传递给更多人。

【任务实施】

有一种器具，小巧方便，明明被称为冲茶器，却又可以冲泡出美味的咖啡。法压壶已经不仅仅是一种咖啡冲泡器具，它更成为咖啡文化的一种象征。在全球范围内，无论是家庭厨房、咖啡馆，还是户外露营地，都能见到法压壶的身影。它以其简单易用、操作灵活、风味纯正等优点，赢得了无数咖啡爱好者的青睐。同时，法压壶也承载着人们对高品质生活方式的追求和对传统咖啡文化的尊重与传承。

1）法压壶冲泡咖啡的历史

法压壶的雏形最早可追溯到19世纪末的法国，但我们现在所熟知的法压壶设计实际上诞生于20世纪末的意大利。当时，一位名叫亚历山德罗·帕维亚（Alessandro Pavia）的工程师在寻找一种能够更好地萃取咖啡风味的器具时，受到了传统压力锅的启发，设计出了最早的法压壶原型。这一设计迅速在欧洲传播开来，尤其是在法国得到了广泛的认可与应用，因此得名"French Press"（法压壶）。

随着时间的推移，法压壶的设计逐渐完善，从最初的简陋模型发展成今天我们所见到的经典款式。在20世纪中期，随着咖啡文化的全球普及和人们对咖啡品质要求的提高，法压壶因其能够充分保留咖啡原始风味和油脂的特点，逐渐成为咖啡爱好者们的心头好。制造商们也开始在材质、滤网设计、密封性能等方面进行创新，以提升法压壶的使用体验和冲泡效果。从最初的诞生到如今的广泛应用，法压壶不仅见证了咖啡文化的繁荣与发展，更以其独特的魅力成为连接过去与未来的桥梁。

2）法压壶冲泡咖啡的原理

法压壶，作为咖啡冲泡器具中的经典之选，其冲泡原理基于简单的物理与化学作用，通过热水渗透与萃取、浸泡与释放以及物理过滤与分离三个步骤，将咖啡粉中的风味物质充分溶解到水中，并去除不必要的杂质和气泡，最终得到一杯风味浓郁、口感纯净的咖啡。

（1）热水渗透与萃取

法压壶冲泡咖啡的第一步是热水与咖啡粉的接触。当接近沸点的热水（一般建议水温在 92~94 ℃）被缓缓注入装有中等研磨度咖啡粉的法压壶中，热水开始渗透咖啡粉的每一个缝隙，在渗透压的作用下，咖啡粉中的可溶性物质逐渐溶解到水中。这一过程被称为萃取，是形成咖啡风味的关键步骤。

（2）浸泡与释放

在法压壶中，咖啡粉与水被允许进行较长时间的直接接触与浸泡。这种浸泡式萃取方式允许水分子有足够的时间渗透进咖啡颗粒内部，与更多可溶性物质接触并将其溶解。随着浸泡时间的延长，咖啡粉中的风味物质不断被释放到水中，形成具有复杂风味的咖啡液。

（3）物理过滤与分离

完成浸泡后，通过缓慢而均匀地向下压动滤网，咖啡渣与咖啡液被有效分离。这一过程中，滤网不仅阻挡了咖啡渣进入咖啡液，还通过其细密的网孔进一步过滤掉部分细微的咖啡颗粒和杂质，使咖啡液更加清澈纯净。同时，由于滤网下方存在一定的压力差，部分溶解在咖啡液中的细小气泡也会被释放出来，进一步提升咖啡的口感和香气。

3）法压壶冲泡咖啡的操作流程

（1）器具准备

①法压壶：这是萃取咖啡的核心工具，通常由壶体、滤网和压杆组成。壶体一般采用高硼硅玻璃或不锈钢材质，耐高温且易于观察咖啡萃取情况。滤网多为金属材质，用于分离咖啡渣和咖啡液。

②磨豆机：用于将咖啡豆研磨成适合法压壶萃取的粗细度。一般来说，法压壶萃取需要较粗的研磨度，以防止过度萃取和咖啡渣通过滤网。

③热水壶：用于烧制萃取咖啡所需的热水。控制水温以确保咖啡的风味和香气得到充

分释放。

④电子秤：用于精确称量咖啡豆和水的重量，保证每次萃取的稳定性和一致性。

⑤计时器：用于记录萃取时间。法压壶萃取咖啡的时间一般控制在3~4分钟，具体时间可根据个人口味和咖啡豆的烘焙程度进行调整。

⑥搅拌棒：用于在加入热水后轻轻搅拌咖啡粉，确保所有咖啡粉都能均匀地浸泡在热水中。

⑦咖啡杯碟：用于盛装萃取好的咖啡液。咖啡杯的选择可以根据个人喜好进行，但建议选用具有一定保温性能的杯子，以保持咖啡的温度和口感。

图4.13　法压壶冲泡咖啡所需器具

（2）原料选择

①咖啡豆：这是制作咖啡的基础原料，可以根据个人口味和喜好选择不同产地、烘焙度的咖啡豆。法压壶萃取方式下，一般推荐使用中度或深度烘焙的单品咖啡豆，以便更好地提取咖啡的香气和风味。

②水：用于萃取咖啡豆中的可溶性物质，形成咖啡液。水的质量对咖啡的口感有很大影响，建议使用过滤后的水或矿泉水，以去除水中的杂质和异味。

③牛奶/植物奶（可选）：对于喜欢花式咖啡的人来说，可以在萃取好的咖啡液中加入适量的牛奶或植物奶，以调整咖啡的口感和风味。

④糖浆/蜂蜜/糖粉（可选）：根据个人口味，可以在咖啡液中适量加入一些调味剂，以增加咖啡的甜度和口感层次。

（3）操作步骤

①准备工作。

a.清洁法压壶：确保法压壶的壶体、滤网和压杆都干净无残留，以免影响咖啡的口感。

b. 烧水：使用热水壶将水烧开，然后静置30秒左右，使水温降至92 ℃左右，这是萃取咖啡的理想温度。

c. 称量咖啡豆：根据个人口味和壶的大小，称取适量的咖啡豆。一般来说，法压壶萃取咖啡的粉水比例为1∶15。例如，如果使用20克的咖啡豆，则需要准备约300毫升的水。

d. 研磨咖啡豆：将咖啡豆放入磨豆机，研磨成适合法压壶萃取的粗细度。法压壶萃取需要较粗的研磨度，以避免咖啡渣通过滤网进入咖啡液。

图4.14 法压壶萃取的准备工作

②萃取过程。

a. 预热法压壶：先向法压壶中注入少量热水，旋转滤网约10秒钟后倒掉，以预热法压壶并去除壶内的异味。

b. 加入咖啡粉：将研磨好的咖啡粉倒入法压壶，轻轻摇晃法压壶，使咖啡粉均匀铺平。

c. 第一次注水：缓慢地向法压壶中注入约四分之一的水量，注意保持注水速度均匀，避免水流直接冲击咖啡粉。此时可以观察到咖啡粉开始膨胀并释放气体，这是闷蒸的过程。

d. 等待与搅拌：等待20～30秒，让咖啡粉充分吸水膨胀并释放气体。其间可以用搅拌棒轻轻搅拌咖啡粉，使其与水更充分地混合。

e. 第二次注水：继续缓慢地向法压壶中注入剩余的水量，直到达到所需的萃取量。注意保持注水速度均匀，避免水流过大导致咖啡粉被冲散。

f. 等待萃取：盖上法压壶的盖子，但不要立即下压压杆。让咖啡在法压壶中继续萃取3~4分钟，具体时间可以根据个人口味和咖啡豆的烘焙度进行调整。

图 4.15　法压壶萃取过程

③咖啡出品。

a. 下压压杆：萃取结束后，缓慢而均匀地向下压压杆，将滤网压至壶底，以分离咖啡渣和咖啡液。注意下压过程中要保持匀速，避免用力过猛导致咖啡粉通过滤网进入咖啡液。

b. 出品咖啡：将法压壶里的咖啡液倒入事先温热好的咖啡杯至八分满。配上咖啡搅拌勺、糖包、奶品等，可出品咖啡。

图 4.16　法压壶萃取咖啡出品

（4）操作要点

使用法压壶萃取咖啡时，需要注意一些细节，以确保萃取出的咖啡口感醇厚、风味纯正。

①在整个萃取过程中要保持器具的清洁和干燥。

②研磨咖啡豆时要选择适合法压壶萃取的粗细度。

③控制好水温、水量以及萃取时间，以获得最佳的咖啡口感。

④法压壶萃取出的咖啡会带有一定的咖啡渣沉淀物，如果不喜欢，可以搭配滤纸以减少沉淀物。

⑤使用后应及时清洗法压壶，避免咖啡渍残留影响下次使用。

⑥定期检查滤网和压杆的磨损情况，如有需要，应及时更换。

▶【素质提升】　　　　　　　　　**咖啡香里的匠心与传承**

　　一杯好的咖啡不仅仅是水和咖啡豆的简单结合，更是匠心的体现。看似简单毫无技巧的传统的法压壶冲泡咖啡方法，咖啡师们不断研究水温、研磨度、萃取时间等细节，力求将每一杯咖啡都冲泡得恰到好处。这种追求极致、精益求精的精神，正是对工匠精神的最好诠释。

　　咖啡师尝试将不同产地的咖啡豆进行搭配，创造出独具特色的咖啡饮品。同时，在传统法压壶冲泡方法之外利用现代科技手段，如智能温控系统和精确研磨机，提升咖啡冲泡的效率和品质。这种在传承中创新、在创新中传承的做法，让传统的法压壶冲泡咖啡更加符合现代人的口味和需求。

【任务考核】

1.任务完成

以小组为单位完成法压壶冲泡咖啡相关资料收集、整理，并以PPT、海报或视频等形式，根据老师的指导，在课堂上进行展示宣讲，分享各组对法压壶冲泡咖啡的历史及原理的理解和感悟。小组合作完成法压壶冲泡咖啡调制技能训练，参照具体的操作规范，进行法压壶咖啡调制技能分项训练，把规范的操作与礼仪转化为工作习惯，共同探讨研究在法压壶冲泡咖啡调制方面"学得更快、做得更好"的方法与技巧。

2.评价与改进

以小组为单位，由组长组织，根据表中的要求对各组成员作出相应的评价，并对被评价的同学提出改进建议。

表4.4　法压壶冲泡咖啡综合评价表

评价项目	评价内容	个人评价	小组评价	教师评价
任务准备工作	（1）个人任务分工完成情况 （2）个人综合职业素养	☺ ☺ ☹　□ □ □ □ □ □	☺ ☺ ☹　□ □ □ □ □ □	☺ ☺ ☹　□ □ □ □ □ □
任务展示过程	课堂学习积极性	☺ ☺ ☹　□ □ □	☺ ☺ ☹　□ □ □	☺ ☺ ☹　□ □ □
知识掌握	（1）法压壶冲泡咖啡历史	☺ ☺ ☹　□ □ □	☺ ☺ ☹　□ □ □	☺ ☺ ☹　□ □ □
	（2）法压壶冲泡咖啡原理	☺ ☺ ☹　□ □ □	☺ ☺ ☹　□ □ □	☺ ☺ ☹　□ □ □
	（3）法压壶冲泡咖啡操作流程	☺ ☺ ☹　□ □ □	☺ ☺ ☹　□ □ □	☺ ☺ ☹　□ □ □
	（4）法压壶冲泡咖啡口感	☺ ☺ ☹　□ □ □	☺ ☺ ☹　□ □ □	☺ ☺ ☹　□ □ □
	（5）操作卫生	☺ ☺ ☹　□ □ □	☺ ☺ ☹　□ □ □	☺ ☺ ☹　□ □ □
	（6）器具整理	☺ ☺ ☹　□ □ □	☺ ☺ ☹　□ □ □	☺ ☺ ☹　□ □ □
课后任务拓展	（1）拓展任务完成情况 （2）在线课程学习情况	☺ ☺ ☹　□ □ □ □ □ □	☺ ☺ ☹　□ □ □ □ □ □	☺ ☺ ☹　□ □ □ □ □ □
学习态度	积极认真的学习态度	☺ ☺ ☹　□ □ □	☺ ☺ ☹　□ □ □	☺ ☺ ☹　□ □ □
团队精神	（1）团队协作能力 （2）解决问题的能力 （3）创新能力	☺ ☺ ☹　□ □ □ □ □ □ □ □ □	☺ ☺ ☹　□ □ □ □ □ □ □ □ □	☺ ☺ ☹　□ □ □ □ □ □ □ □ □
综合评价		☺ ☺ ☹　□ □ □		

实训2　滴滤杯手冲咖啡

滴滤杯
手冲咖啡

图 4.17　滴滤杯手冲咖啡

【任务目标】

1.了解滴滤杯手冲咖啡的历史及原理。

2.掌握滴滤杯手冲咖啡的操作流程及注意事项。

3.培养学生对咖啡文化的热爱、对咖啡师职业的认同以及追求卓越的价值观。

【任务描述】

润心饮品研创社团成员将深入了解滴滤手冲咖啡的历史背景、基本原理，亲手操作咖啡豆研磨、水温控制、粉水比例调整、注水手法等每一个步骤，掌握滴滤杯手冲咖啡的完整萃取流程。通过反复练习，逐步提升自己的手冲技艺，直至能够稳定地冲煮出风味均衡、层次分明的咖啡。在润心饮品研创社团的滴滤杯手冲咖啡萃取任务中，我们期待每一位成员都能用心去感受咖啡的魅力，用双手去创造属于自己的咖啡故事。

【任务分析】

在本次润心饮品研创社团的滴滤杯手冲咖啡萃取任务中，我们将带领每一位成员踏上一场关于滴滤杯手冲咖啡的艺术的探索之旅，用心感受每一滴咖啡液中的细腻与纯粹。通过学习和传承这一技艺，让更多人感受到咖啡背后的文化与情感。同学们需要将各组搜集到的资料进行整理，对滴滤杯手冲咖啡的历史及原理进行介绍，在老师分步演示讲解下掌握滴滤杯手冲咖啡的完整萃取过程，每个小组需独立完成从研磨到萃取的整个过程，并记录下每一次尝试的粉水比例、水温及萃取时间等参数。完成萃取后，各小组轮流品尝自己及他人出品的咖啡饮品，分享品鉴感受与改进建议。

【任务实施】

在探索咖啡文化的深邃海洋中，滴滤杯手冲咖啡无疑是一颗璀璨的明珠，它不仅承载着咖啡制作的精湛技艺，更见证了人类追求品质生活的不懈努力。从古老的土法煮制到现代精密的滴滤技术，滴滤杯手冲咖啡的历史是一段融合了创新、美学与仪式感的旅程。

1）滴滤杯手冲咖啡的历史

（1）起源与萌芽（19世纪末至20世纪初）

滴滤咖啡的雏形可以追溯到19世纪末的欧洲，随着工业化进程的加速，人们对咖啡的需求日益增长，同时也开始追求更加纯净、口感细腻的咖啡体验。在这一背景下，早期的滴滤装置逐渐出现，它们大多基于重力原理设计，利用热水缓慢通过咖啡粉层，萃取出咖啡的精华。这一时期，虽然滴滤技术尚显粗糙，但它为后来滴滤杯手冲咖啡的兴起奠定了基础。

（2）发展与创新（20世纪中叶）

进入20世纪中叶，随着材料科学的进步和咖啡文化的普及，滴滤杯的设计迎来了革命性的变化。设计师们开始注重提高萃取的均匀性和效率，同时优化用户体验。这一时期，出现了多种类型的滴滤杯，如锥形滤纸滴滤杯、平底滤纸滴滤杯等，它们各有特色，满足了不同消费者的需求。此外，随着滤纸材质的不断改进，咖啡的风味也得到了更好的保留和展现。

（3）风靡全球（20世纪末至今）

进入21世纪，滴滤杯手冲咖啡凭借其独特的魅力迅速风靡全球。它不仅成为专业咖啡师展示技艺的舞台，更走进了千家万户，成为许多人日常生活中不可或缺的一部分。手冲咖啡的仪式感、个性化以及对咖啡豆品质的极致追求，使得每一次冲泡都成为一次独特的体验。

2）滴滤杯手冲咖啡的原理

滴滤杯手冲咖啡，又称滴滤咖啡，是将热水均匀浇注在滤纸上的咖啡粉层，利用水的重力作用自然渗透并萃取咖啡粉中的可溶性物质，最终得到一杯风味纯净、层次分明的咖啡液。这一过程中，水温、研磨度、粉水比、注水方式以及滤杯设计等因素均会对咖啡的最终品质产生重要影响。

（1）水温

需根据咖啡豆的烘焙程度及研磨粗细进行调整。一般来说，深烘焙咖啡豆适宜稍低的水温（85～90 ℃），以避免过度萃取苦涩物质；浅烘焙咖啡豆则可适当提高水温（92~94 ℃），以充分释放其香气和醇厚口感。

（2）研磨度

研磨度直接影响咖啡粉与水的接触面积及萃取效率。手冲咖啡通常采用中等至粗研磨度（类似砂糖颗粒大小），以确保水流顺畅通过咖啡粉层，同时避免过度萃取和堵塞滤纸。

（3）粉水比

粉水比是指咖啡粉与热水的比例，通常为 1∶15～1∶18。这一比例决定了咖啡的浓度和口感，需根据个人口味进行调整。

（4）注水方式

注水方式是手冲咖啡中极为关键的一环。初学者可采用绕圈注水法，即从咖啡粉中心开始，以螺旋状向外缓慢注水，确保咖啡粉均匀浸湿并萃取。随着经验的积累，可以尝试更复杂的注水技巧，如分段注水、脉冲注水等，以调整萃取速度和风味表现。

（5）滤杯设计

滤杯的设计对萃取效果也有显著影响。不同形状的滤杯（如锥形、扇形等）通过改变水流路径和集中度，影响咖啡粉颗粒的浸泡时间和萃取效率。例如：锥形滤杯能够集中水流，延长水位下降时间，使咖啡粉颗粒有更多时间吸水膨胀并充分萃取；扇形滤杯则通过加深肋骨深度增加排气效应，改善萃取均匀性。

3）滴滤杯手冲咖啡的操作流程

（1）器具准备

①滴滤杯：这是萃取咖啡的核心工具，其设计（如锥形、扇形等）直接影响水流路径和萃取效率。滴滤杯的材质多样，常见的有树脂、陶瓷、玻璃等。不同材质的滴滤杯在保温性、观赏性、耐用性等方面各有特点。

②滤纸：放置在滴滤杯内部，用于过滤咖啡粉萃取后的液体，防止咖啡渣进入咖啡液。在选择滤纸时，需要考虑其尺寸是否与滴滤杯相匹配，以确保萃取过程的顺利进行。

③磨豆机：将咖啡豆研磨成适合手冲的咖啡粉。磨豆机有多种类型，在选择时，需要考虑其研磨精度、操作便捷性和耐用性等因素。

④手冲壶：用于向滴滤杯中的咖啡粉注水，通过控制水温和注水方式来调节萃取效果。手冲壶通常配备细长的壶嘴，以便更精准地控制水流方向和速度。

⑤电子秤：用于精确称量咖啡粉和水的重量，确保每次冲泡都能达到理想的粉水比。

⑥计时器：用于记录焖蒸时间。滴滤萃取咖啡过程中焖蒸的时间可根据豆子的特性及新鲜度进行调整。

⑦分享壶或杯子：用于盛放萃取好的咖啡液，供饮用或分享。

图 4.18　滴滤杯手冲咖啡所需器具

（2）原料选择

①咖啡豆：滴滤杯手冲咖啡的核心原料是咖啡豆。一般咖啡豆的选择需要综合考虑烘焙程度、产地与品种、新鲜度以及个人口味偏好等因素。通常中度烘焙的咖啡豆香气丰富，带有焦糖、坚果和成熟水果的香味，最适合滴滤手冲萃取。

②水：手冲咖啡用水的选择应根据个人口味和需求来确定，同时需要注意水质的纯净度、水温和其他相关因素，以保证冲泡出高品质的手冲咖啡。

（3）操作步骤

①准备工作。

a. 准备器具原料：根据个人口味偏好选择高质量的咖啡豆，确保手冲壶、滴滤杯、滤纸、电子秤、温度计等器具齐全，并在使用前清洗干净。

b. 烧水：使用热水壶将水烧开，然后静置30秒左右，使水温降至92 ℃左右，这是萃取咖啡的理想温度。

c. 研磨咖啡豆：使用磨豆机将咖啡豆研磨成适合滴滤手冲的颗粒状，颗粒大小要均匀。研磨度可以根据咖啡豆的种类、烘焙程度和个人口味进行调整。

②萃取过程。

a. 折放滤纸：根据不同的滤纸，将其沿着缝线部分折叠、压紧，然后撑开，放入滤杯，并用手往下压，让两边服帖。

b. 预热器具：在冲泡前，用热水将滴滤杯和滤纸充分预热，以减少温度对咖啡萃取的影响。

c. 放置咖啡粉：将滤纸放入滴滤杯，然后倒入研磨好的咖啡粉。咖啡粉量根据豆子特点设定，一般单人份15～20克。轻轻摇晃滤杯，使咖啡粉的表面平整。

d. 第一次注水（焖蒸）：使用手冲壶将少量热水（约为咖啡粉量的两倍）以中心向外的方式缓缓倒入咖啡粉，进行焖蒸。焖蒸的目的是预先排放出咖啡粉中的二氧化碳，使热水更好地接触咖啡粉，提高萃取效率。焖蒸时间一般在30秒左右。

图4.19　滴滤杯手冲咖啡的准备工作

e.分段注水：在焖蒸后，根据具体的萃取方案进行分段注水。常见的有三段式注水法，即第一次注水后等待一段时间，再进行第二次和第三次注水。每次注水时都要控制水流速度，让热水均匀地通过咖啡粉层。

f.控制萃取时间：萃取时间也是影响咖啡口感的重要因素。一般来说，萃取时间在2～3分钟为宜。具体时间可以根据咖啡豆的种类、研磨度和个人口味进行调整。

图4.20　滴滤杯手冲咖啡的过程

③咖啡出品。

a. 移开滤杯：当咖啡液完全滴入下方的咖啡壶或杯子时，即可移开滤杯。此时可以看到一壶香气浓郁、口感醇厚的手冲咖啡。

b. 出品咖啡：将分享壶里的咖啡液倒入事先温热好的咖啡杯至八分满。

c. 享用咖啡：在适当的温度下享用这杯手冲咖啡，感受其独特的风味和香气。

图4.21 滴滤杯手冲咖啡出品

（4）操作要点

使用滴滤杯萃取咖啡时，需要注意一些细节，以确保萃取出的咖啡口感醇厚、风味纯正。

①水温是手冲咖啡的关键因素之一。一般来说，水温应控制在85~95 ℃。

②重视滴滤器具及咖啡杯的充分预热，以减少温度对咖啡口感的影响。

③要注意绕圈注水的方式，避免直接冲击咖啡粉与滤纸相连的地方，以防产生通道效应。

④根据豆子的特性，设定萃取方案，控制好水温、水量以及萃取时间，以获得最佳的咖啡口感。

⑤清洗时不要用带香味的洗洁剂，滤杯、玻璃壶用水洗干净，自然晾干。

▶【素质提升】　　　　　　**精致的咖啡冲泡，深厚的工匠精神**

　　滴滤杯手冲咖啡作为一种精致的咖啡冲泡方式，从水温的调节到注水的手法，每一个环节都需要咖啡师精准控制。水温过高会导致咖啡苦涩，过低则无法充分萃取出咖啡的香气和风味；注水时水流的大小、方向和速度都会影响咖啡的萃取效果。在冲泡过程中，咖啡师需要不断观察咖啡粉的膨胀情况、水流的速度和咖啡液的颜色等，以便及时调整冲泡参数。这种持续的观察和调整，是确保每一杯咖啡都能达到最佳品质的关键。

　　滴滤杯手冲咖啡允许咖啡师根据个人口味和咖啡豆的特点进行个性化调整。无论是水温、研磨度，还是注水手法，都可以根据需要进行微调，以打造出具有独特风格的咖啡饮品。滴滤杯手冲咖啡作为一种传统的咖啡冲泡方式，经过数百年的发展和创新，已经形成了多种不同的流派和风格。咖啡师在传承传统技艺的同时，也在不断探索和创新，为滴滤杯手冲咖啡注入了新的活力和魅力。

【任务考核】

1.任务完成

以小组为单位完成滴滤杯手冲咖啡相关资料收集、整理，并以PPT、海报或视频等形式，根据老师的指导，在课堂上进行展示宣讲，分享各组对滴滤杯手冲咖啡的历史及原理的理解和感悟。小组合作完成滴滤杯手冲咖啡调制技能训练，参照具体的操作规范，进行滴滤杯手冲咖啡调制技能分项训练，把规范的操作与礼仪转化为工作习惯，共同探讨研究在滴滤杯手冲咖啡调制方面"学得更快、做得更好"的方法与技巧。

2.评价与改进

以小组为单位，由组长组织，根据表中的要求对各组成员作出相应的评价，并对被评价的同学提出改进建议。

表4.5　滴滤杯手冲咖啡综合评价表

评价项目	评价内容	个人评价 ☺ ☺ ☹ □ □ □	小组评价 ☺ ☺ ☹ □ □ □	教师评价 ☺ ☺ ☹ □ □ □
任务准备工作	（1）个人任务分工完成情况 （2）个人综合职业素养	☺ ☺ ☹ □ □ □	☺ ☺ ☹ □ □ □	☺ ☺ ☹ □ □ □
任务展示过程	课堂学习积极性	☺ ☺ ☹ □ □ □	☺ ☺ ☹ □ □ □	☺ ☺ ☹ □ □ □
知识掌握	（1）滴滤杯手冲泡咖啡的历史	☺ ☺ ☹ □ □ □	☺ ☺ ☹ □ □ □	☺ ☺ ☹ □ □ □
	（2）滴滤杯手冲咖啡的原理	☺ ☺ ☹ □ □ □	☺ ☺ ☹ □ □ □	☺ ☺ ☹ □ □ □
	（3）滴滤杯手冲咖啡的操作流程	☺ ☺ ☹ □ □ □	☺ ☺ ☹ □ □ □	☺ ☺ ☹ □ □ □
	（4）滴滤杯手冲咖啡的口感	☺ ☺ ☹ □ □ □	☺ ☺ ☹ □ □ □	☺ ☺ ☹ □ □ □
	（5）操作卫生	☺ ☺ ☹ □ □ □	☺ ☺ ☹ □ □ □	☺ ☺ ☹ □ □ □
	（6）器具整理	☺ ☺ ☹ □ □ □	☺ ☺ ☹ □ □ □	☺ ☺ ☹ □ □ □
课后任务拓展	（1）拓展任务完成情况 （2）在线课程学习情况	☺ ☺ ☹ □ □ □	☺ ☺ ☹ □ □ □	☺ ☺ ☹ □ □ □
学习态度	积极认真的学习态度	☺ ☺ ☹ □ □ □	☺ ☺ ☹ □ □ □	☺ ☺ ☹ □ □ □

续表

评价项目	评价内容	个人评价	小组评价	教师评价
团队精神	(1) 团队协作能力 (2) 解决问题的能力 (3) 创新能力	☺ ☺ ☹ □ □ □ □ □ □ □ □ □	☺ ☺ ☹ □ □ □ □ □ □ □ □ □	☺ ☺ ☹ □ □ □ □ □ □ □ □ □
综合评价		☺ ☺ ☹ □ □ □		

实训 3　虹吸壶冲煮咖啡

虹吸壶
冲煮咖啡

图 4.22　虹吸壶冲煮咖啡

【任务目标】

1. 了解虹吸壶煮制咖啡的历史及原理。

2. 掌握虹吸壶煮制咖啡的操作流程及注意事项。

3. 培养学生耐心与细致的观察力,追求精益求精的工匠精神。

【任务描述】

本次润心饮品研创社团将与同学们携手踏上一场关于虹吸壶煮制咖啡的科学探索之旅,共同感受那份既有科学实验般独特的严谨韵味,又有咖啡般醇香的另类魅力。虹吸壶煮制咖啡,以其独特的物理原理、优雅的煮制过程以及能够完美展现咖啡豆风味的能力,赢得了众多咖啡爱好者的青睐。社团成员将通过亲手操作虹吸壶,体验从预热、注水、研磨咖啡粉到萃取、分离的完整过程,感受虹吸壶煮制咖啡的过程中每一刻的变化与惊喜。

【任务分析】

在本次润心饮品研创社团的虹吸壶煮制咖啡学习任务中，其核心目标在于掌握虹吸壶煮制咖啡的技能，但更深层次的目标在于激发成员们对咖啡文化的兴趣与热爱，以及培养他们的团队协作能力与创新精神。通过设定明确的学习目标，如"能够独立制作一杯风味均衡的虹吸咖啡"，并辅以奖励机制（如最佳煮制奖、最佳团队合作奖等），有效激发成员们的学习动力与参与热情。在品鉴交流环节，成员们可以分享自己的煮制心得与品鉴感受，这种情感的交流与碰撞将进一步加深他们对虹吸壶煮制咖啡相关文化的理解与认同。

【任务实施】

虹吸壶煮制咖啡的历史是一部充满创新与传承的篇章。从最初的实验试管发展为如今的精致咖啡器具，虹吸壶不仅见证了咖啡文化的演变与发展，也成了连接过去与未来的桥梁。在今天这个快节奏的时代里，虹吸壶依然以其独特的魅力吸引着无数咖啡爱好者的关注与喜爱。

1）虹吸壶煮制咖啡的历史

（1）起源与早期发展

19世纪40年代，英国人拿比亚（Napier）以化学实验用的试管为蓝本，创造出第一支真空式咖啡壶。这一发明标志着虹吸壶的正式诞生，尽管当时的虹吸壶还较为原始，但已经具备了基本的虹吸原理。1842年，法国瓦西尔夫人（Madame Vassieux）对原始的虹吸壶进行了改良，设计出了上下对流式的虹吸壶。这一改良使得虹吸壶更加实用和普及，成为后来广泛使用的经典款式。

（2）传播与流行

尽管现代意义上的虹吸壶在法国诞生并经过了一段时间的发展，但它并未立即在法国或欧洲其他地区广泛流行。相反，虹吸壶的流行之路相对曲折。直至20世纪中期，虹吸壶分别被带到丹麦和日本，并在这两个国家逐渐走红。丹麦人注重功能设计，对虹吸壶进行了进一步的改良和创新；日本人则因其独特的发音和精致的咖啡文化，对虹吸壶产生了深厚的情感认同，并发展出了独特的咖啡道。

（3）现代应用与发展

随着咖啡文化的不断发展和传播，虹吸壶的种类和款式也日益丰富。从传统的玻璃虹吸壶到现代的金属虹吸壶、电动虹吸壶等，各种新型虹吸壶不断涌现，满足了不同消费者的需求。虹吸壶不仅能够煮制出风味醇厚、香气浓郁的咖啡，还具有一定的观赏性和仪式感。目前，虹吸壶以其独特的煮制方式和优雅的外观，逐渐成为咖啡馆和家庭咖啡爱好者的首选之一。

2）虹吸壶煮制咖啡的原理

（1）操作原理

虹吸壶煮制咖啡主要基于物理学中的热胀冷缩原理，通过水加热后产生的水蒸气来推动咖啡的煮制过程。利用蒸汽压力，使被加热的水由下壶经由虹吸管和滤布向上流升，然后与上壶中的咖啡粉混合，完全萃取出咖啡粉中的营养成分，成真空状态的下壶吸取上壶中的咖啡，经过滤纸过滤残渣，再度流回下壶，完成咖啡的萃取。

（2）操作特点

①风味独特：在虹吸壶煮制咖啡的过程中，咖啡粉与热水充分接触并经过较长时间的浸泡和萃取，能够最大限度地释放出咖啡的风味和香气，使得煮制出的咖啡口感醇厚、风味独特。

②视觉享受：虹吸壶煮制咖啡的过程宛如科学实验般充满趣味性，尤其是当热水在上壶中翻滚、咖啡粉被缓缓浸湿并释放出香气时，给人带来视觉上的享受。

③专业性强：虹吸壶需要精确控制水温、研磨度、粉水比等参数，对操作者的要求较高。因此，它常被认为是一种专业的咖啡煮制工具，适合对咖啡品质有较高要求的咖啡爱好者使用。

3）虹吸壶煮制咖啡的操作流程

（1）器具准备

①上壶（粉仓或柱管状上壶）：用于装咖啡粉，进行咖啡的混合与萃取。上壶一般为玻璃材质，透明的设计便于观察咖啡的萃取过程。上壶内部通常配有一个滤网或滤布，用于过滤咖啡渣，确保只有咖啡液流入下壶。

②下壶（球形下壶）：用于装水并进行加热，是产生水蒸气的关键部分。下壶同样为玻璃材质，耐高温且能够清晰地看到水位的变化。通常放置在支架上，以便稳定地加热和支撑上壶。其球形设计有助于均匀加热水和快速产生水蒸气。

③热源（酒精灯或卤素灯）：为下壶提供热量，使水加热并产生水蒸气。热源的选择取决于个人喜好和使用场景，酒精灯具有传统和浪漫的感觉，卤素灯则更加高效和环保。

④磨豆机：将咖啡豆研磨成适合虹吸壶的咖啡粉。

⑤搅拌棒：用于在上壶中搅拌咖啡粉和水，确保咖啡粉均匀浸湿并促进咖啡风味的释

放。搅拌棒通常由不锈钢或竹制材料制成，易于清洗且不会对咖啡风味产生影响。

⑥咖啡粉勺：用于精确量取咖啡粉，确保每次煮制的咖啡粉量一致，从而保持咖啡风味的稳定性。

⑦干、湿抹布：点火加热前用干抹布擦拭下壶防止高温炸裂，在煮制过程中拧干的湿抹布用于包裹下壶侧面以降低温度或加速咖啡液的回流。

⑧计时器：用于记录焖蒸时间。虹吸壶煮制咖啡的焖蒸时间可根据豆子的特性及新鲜度进行调整。

⑨咖啡杯碟：用于盛放萃取好的咖啡液。

图 4.23　虹吸壶冲煮咖啡器具准备

（2）原料选择

①咖啡豆：虹吸壶冲煮咖啡的核心原料是咖啡豆，虹吸壶的萃取方式较为细腻，能够充分提取咖啡中的油脂和风味物质。因此，浅烘或中烘的咖啡豆更能体现出虹吸壶的优势，使咖啡的口感更加柔和、复杂，同时保留更多的酸度和果味。深度烘焙的咖啡豆在虹吸壶中可能会因为萃取过度而导致口感苦涩、焦味过重，影响整体的咖啡品质。

②水：建议使用过滤水、纯净水或蒸馏水，避免使用含有过多矿物质或杂质的自来水。水的硬度和碱度对咖啡的萃取和口感也有显著影响。

（3）操作步骤

①准备工作。

a.准备器具原料：根据个人口味偏好选择高质量的咖啡豆，确保虹吸壶各部分、搅拌棒、咖啡杯等器具齐全并清洗干净。

b.研磨咖啡豆：使用磨豆机将咖啡豆研磨成适合虹吸壶的中等粗细颗粒状，颗粒大小要均匀。

c.将下壶装入热水：水量根据刻度或所需杯份来确定，一人份200 mL左右，即下壶CUP的标识处，可高过标识处少许。

d.安装上壶滤芯：把滤芯放进上壶，用手拉住铁链尾端，轻轻钩在玻璃管末端。

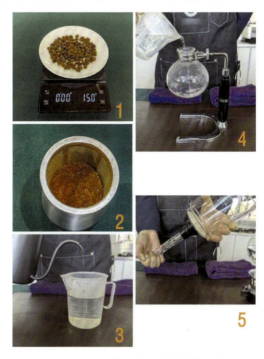

图4.24　虹吸壶冲煮咖啡的准备工作

②萃取过程。

a.加热与插入上壶：以干布擦干下壶，然后开火烧水。将上壶斜插入下壶，让橡胶边缘抵住下壶的壶嘴，但不要插紧。开始加热下壶的水，等待其冒出连续的大泡泡。

b.扶正上壶：在下壶连续冒出大泡泡时，将上壶扶正，左右轻摇并稍微向下压，使之轻柔地塞进下壶。此时，下壶的水开始通过压力差沿玻璃管上升至上壶。

c.放置咖啡粉：当下壶的水上升至上壶2公分处，倒入磨好的咖啡粉，用搅拌棒左右拨动，将咖啡粉均匀地拨开至水里。

d.搅拌与焖蒸：第一次搅拌后，开始计时。根据咖啡粉的研磨度和个人口味，焖蒸时间通常在20～30秒。进行第一次搅拌，十字压粉2次。

e.熄火冷却：冲煮20秒，木棒再次十字压粉2次，便可将酒精灯移开，同时搅拌棒顺时针轻轻以旋转方法搅拌咖啡粉，大概旋转三至五圈。并用湿抹布轻轻包住下壶侧面，以加速冷却。下壶遇冷后，内部压力下降，上壶中的咖啡液被吸回下壶。

图 4.25　虹吸壶冲煮咖啡萃取过程

③咖啡出品。

a.分离上壶与下壶：当上壶中的咖啡液被完全吸回下壶后，轻轻左右摇晃上壶，将其与下壶拨开。

b.倒出咖啡：将下壶中的咖啡液倒入事先温热好的咖啡杯至八分满。

c.享用咖啡：根据个人口味，可以加入奶精、方糖等调味品，然后享用这杯香醇的虹吸壶咖啡。

图 4.26　虹吸壶冲煮咖啡出品

（4）操作要点

使用虹吸壶煮制咖啡时，需要注意一些技巧和耐心，关注操作细节，以确保萃取出的咖啡口感醇厚、风味纯正。

①滤布、滤芯和搅拌棒洗干净后，应尽量保持干燥。不用时最好整理好放在冰箱里。不要把滤布泡在生水里，易产生细菌，避免二次污染。

②虹吸壶下壶为玻璃器皿，使用时注意安全。不能有水滴，防止煮咖啡时下壶受热不均而炸裂。

③检查滤芯与上壶是否组合严密。若放置位置不正，可以用竹匙拨动调整。

④搅拌时一定要轻柔，采用十字压粉的方式进行，避免碰到滤布。

⑤移开酒精灯时要随手盖上灯盖，器具高温，注意操作安全。

⑥使用后先将上壶的粉渣倒出，并取出滤芯，再用清水清洗。上壶可用洗杯刷沾少许稀释过的清洁剂清洗，下壶则不用清洁剂，用热水稍作摇晃清洁即可。

▶【素质提升】　　　　　　由虹吸壶煮咖啡引起的人生思考

虹吸壶的各个部件需要紧密配合才能煮出好咖啡。团队合作在学习和工作中同样至关重要。每个人都是团队中不可或缺的一部分，只有相互协作，才能达成共同的目标。随着酒精灯的点燃，虹吸壶里的水开始缓缓加热。等待是煮咖啡过程中不可或缺的一环，正如我们在学习和生活中也需要耐心等待时机的成熟。当水沸腾后，蒸汽压力迫使水通过管子上升到上壶，与咖啡粉充分接触。一杯香浓的咖啡完成，品尝一口咖啡。煮咖啡只是开始，更重要的是我们要学会品味生活、享受过程。在学习和工作中，我们也要学会欣赏自己的努力和成果，感受其中的乐趣和成就感。

【任务考核】

1.任务完成

以小组为单位完成虹吸壶煮制咖啡相关资料收集、整理，并以PPT、海报或视频等形式，根据老师的指导，在课堂上进行展示宣讲，分享各组对虹吸壶煮制咖啡的历史及原理的理解和感悟。小组合作完成虹吸壶咖啡调制技能训练，参照具体的操作规范，进行虹吸壶煮制咖啡技能分项训练，把规范的操作与礼仪转化为工作习惯，共同探讨研究在虹吸壶煮制咖啡方面"学得更快、做得更好"的方法与技巧。

2.评价与改进

以小组为单位，由组长组织，根据表中的要求对各组成员作出相应的评价，并对被评价的同学提出改进建议。

表 4.6　虹吸壶煮制咖啡综合评价表

评价项目	评价内容	个人评价 ☺ ☺ ☹	小组评价 ☺ ☺ ☹	教师评价 ☺ ☺ ☹
任务准备工作	（1）个人任务分工完成情况 （2）个人综合职业素养	□ □ □ □ □ □	□ □ □ □ □ □	□ □ □ □ □ □
任务展示过程	课堂学习积极性	□ □ □	□ □ □	□ □ □
知识掌握	（1）虹吸壶煮制咖啡的历史	□ □ □	□ □ □	□ □ □
	（2）虹吸壶煮制咖啡的原理	□ □ □	□ □ □	□ □ □
	（3）虹吸壶煮制咖啡的操作流程	□ □ □	□ □ □	□ □ □
	（4）虹吸壶煮制咖啡的口感	□ □ □	□ □ □	□ □ □
	（5）操作卫生	□ □ □	□ □ □	□ □ □
	（6）器具整理	□ □ □	□ □ □	□ □ □
课后任务拓展	（1）拓展任务完成情况 （2）在线课程学习情况	□ □ □ □ □ □	□ □ □ □ □ □	□ □ □ □ □ □
学习态度	积极认真的学习态度	□ □ □	□ □ □	□ □ □
团队精神	（1）团队协作能力 （2）解决问题的能力 （3）创新能力	□ □ □ □ □ □ □ □ □	□ □ □ □ □ □ □ □ □	□ □ □ □ □ □ □ □ □
综合评价		☺ ☺ ☹ □ □ □		

实训 4　摩卡壶冲煮咖啡

摩卡壶
冲煮咖啡

图 4.27　摩卡壶冲煮咖啡

【任务目标】

1. 了解摩卡壶冲煮咖啡的历史及原理。

2. 掌握摩卡壶冲煮咖啡的操作流程及注意事项。

3. 培养感知咖啡风味的敏锐度，享受咖啡制作的乐趣与成就感。

【任务描述】

润心饮品研创社团的同学们细心挑选着来自远方庄园的优质咖啡豆，它们色泽均匀，香气扑鼻，每一颗都承载着种植者的汗水与阳光的味道。他们使用专业磨豆机，将咖啡豆缓缓研磨成适合摩卡壶的细粉，每一步都充满仪式感，仿佛在为即将到来的咖啡盛宴做准备。他们手中紧握着那只经典的铝制摩卡壶，它不仅是冲煮工具，更是连接咖啡豆与味蕾的桥梁。通过一系列精心设计的步骤，让这小小的壶中孕育出浓郁而又不失细腻的咖啡精华。通过这次任务，润心饮品研创社团的每一位成员都将深刻体会到摩卡壶冲煮咖啡的魅力所在，不仅学会了技艺，更在学习过程中培养了耐心、细致以及对美好事物的追求。

【任务分析】

摩卡壶这个融合了传统与现代魅力的冲煮工具，成为我们探索咖啡世界的钥匙。它不仅是一种技艺的传承，更是心灵交流与情感传递的媒介。在本次润心饮品研创社团的摩卡壶冲煮咖啡学习任务中，其核心目标在于理解摩卡壶煮咖啡的原理，掌握摩卡壶冲煮咖啡的技能。将成员分为若干小组，每组分配一套摩卡壶和所需材料，鼓励成员间相互协作，共同完成冲煮任务。在冲煮咖啡的过程中，培养成员间的默契与合作精神，共同享受咖啡带来的愉悦与放松。各小组展示自己的冲煮成果，邀请导师和成员进行品鉴。从色泽、香气、口感等方面进行评价，并提出改进意见。通过交流，夯实操作技艺，增进彼此友谊。

【任务实施】

摩卡壶冲煮咖啡的历史是一段充满创意与实用的历程。它不仅见证了意大利咖啡文化的繁荣与发展，更成为全球咖啡爱好者共同的文化遗产。

1）摩卡壶冲煮咖啡的历史

（1）起源与命名

1933年，意大利人阿方索·比亚莱蒂（Alfanso Bialetti）在法国学成归国后，进入了当时意大利兴盛的铝金属行业工作。他敏锐地捕捉到市场上对便捷的咖啡冲煮工具的需求，于是结合自己的专业知识，发明了摩卡壶。

摩卡壶（Moka Pot）的名字来源于其发明者所在的Blaletti公司，与摩卡咖啡（Mocha Coffee）并无直接关联，但因名称相近而常被误解。

（2）发展与普及

摩卡壶一经问世，便因其操作简便、成本低廉而迅速受到意大利家庭的欢迎。它成为家庭制作意式浓缩咖啡的理想工具，尤其在第二次世界大战后物资匮乏的时期，摩卡壶更是发挥了重要作用。

随着时间的推移，摩卡壶逐渐走出意大利，成为全球咖啡爱好者喜爱的冲煮工具之一。其独特的冲煮方式、能够萃取出浓郁的咖啡风味，赢得了广泛的赞誉。

虽然摩卡壶的基本设计保持不变，但现代制造商对其进行了诸多改进，如增加保温功能、改进密封性能等，以提升用户体验和咖啡品质。

（3）文化与传承

摩卡壶不仅是一件实用的咖啡冲煮工具，更是意大利咖啡文化的象征之一。它代表着意大利人对咖啡的热爱和追求，以及对生活品质的坚持。在摩卡壶的冲煮过程中，人们不仅享受到了美味的咖啡，还传承了意大利悠久的咖啡文化。

2）摩卡壶冲煮咖啡的原理

（1）操作原理

摩卡壶冲煮咖啡的原理是基于水蒸气释放后产生压力，通过压力推动热水穿过咖啡粉进行萃取。

①加热水与产生蒸气：当在下壶中加入适量的清水并加热时，水温逐渐升高至沸点，水开始蒸发产生蒸气。

②蒸气压力推动：蒸气在下壶内不断积聚，形成压力。随着压力的增加，蒸气通过连接下壶和粉槽的管道上升。当蒸气压力足够大时，它会推动热水通过粉槽中的咖啡粉层。

③咖啡萃取：高压蒸气推动的热水穿过咖啡粉层时，与咖啡粉充分接触并溶解出咖啡中的油脂、香气和可溶性有机物。这些萃取物随着水流一起被带到上壶中，最终形成浓郁的咖啡液。

（2）操作特点

①优点：操作简便，适合家庭使用；萃取出的咖啡口感浓郁，具有油脂和香气；价格相对亲民，适合咖啡爱好者入门使用。

②缺点：相比专业咖啡机，摩卡壶的萃取压力和温度控制较为简单，可能无法达到某些高端咖啡的萃取要求；萃取过程中需要进行观察和调整，以确保萃取效果。

3）摩卡壶冲煮咖啡的操作流程

（1）器具准备

①摩卡壶：核心器具，其设计基于意式浓缩咖啡（Espresso）的萃取原理。摩卡壶主要由三部分组成，下壶、粉槽和上壶。下壶用来盛水，粉槽用来盛放较细研磨度的咖啡粉，上壶则用来盛放萃取后的咖啡液。

②磨豆机：将咖啡豆研磨成适合摩卡壶使用的细度。有多种类型的磨豆机，因此在选择时，需要考虑其研磨精度、操作便捷性和耐用性等因素。

③瓦斯炉或电陶炉：用于加热摩卡壶的下壶。瓦斯炉是传统的加热方式，电陶炉则更便捷和安全，适合家庭使用。

④滤纸或滤布：放置在滤器上，以防止咖啡粉进入上壶，同时也有助于过滤掉咖啡中的杂质和细粉。滤纸是一次性使用的，滤布则可以重复使用但需要定期清洗。

⑤咖啡粉勺：用于精确量取咖啡粉，一般来说，摩卡壶的粉水比例会根据个人口味和摩卡壶的容量而有所不同。

⑥咖啡杯碟：用于盛放萃取好的咖啡液。

图 4.28　摩卡壶冲煮咖啡器具准备

（2）原料选择

①咖啡豆：摩卡壶冲煮咖啡的核心原料是咖啡豆。摩卡壶煮出的咖啡以其浓郁和醇厚的口感著称，通常更适合酸度适中或偏低的咖啡豆，一般建议使用中深度烘焙的咖啡豆，因为它们能够产生浓郁的焦糖风味和醇厚度。同时，确保咖啡豆新鲜，以保留最佳风味。

②水：纯净水会导致咖啡中的风味物质无法被充分萃取，使咖啡口感寡淡、甜感不明显，并不适合直接用于摩卡壶冲煮咖啡。摩卡壶冲煮咖啡可以选择瓶装矿泉水或经过适当过滤的自来水。

（3）操作步骤

①准备工作。

a.选择咖啡豆：根据个人口味选择合适的咖啡豆，新鲜烘焙、风味浓郁且适合摩卡壶冲煮的为佳。

b.研磨咖啡豆：使用合适的磨豆机将咖啡豆研磨成适合摩卡壶的细度，通常比手冲咖啡细，但比意式咖啡粗。

c.准备摩卡壶：将摩卡壶的各个部件拆分开来，用温水冲洗干净，去除可能的杂质和异味。

d.填充下壶：在下壶中倒入适量的冷/热水，水量不要超过壶身上的安全线标记。

e.装入咖啡粉：将研磨好的咖啡粉均匀填充到滤网中（滤网上已放置滤纸或滤布）轻轻拍平表面，但不要压实，以免影响萃取效果。

图4.29　摩卡壶冲煮咖啡的准备工作

②萃取过程。

a.组装摩卡壶：将装有咖啡粉的滤网放在下壶上，并确保密封良好。然后将上壶与滤网紧密连接。

b.加热：将摩卡壶放在热源上（如瓦斯炉、电陶炉等），开始加热。随着温度的升高，下壶中的水会逐渐升温并转化为蒸汽，通过滤网上升进入上壶。

c.控制萃取：当看到上壶开始有咖啡液流出时，注意观察萃取情况。在萃取过程中，可以通过调整火候来控制萃取速度。初期可以使用大火以快速升温，但当中后期看到咖啡液流出速度加快时，应适当减小火力，以避免过度萃取。

d.离火：当上壶中的咖啡液达到所需量或打开上盖发现蒸气孔已停止冒蒸气时，萃取过程已完成，应立即将摩卡壶从热源上移开。

图 4.30　摩卡壶冲煮咖啡过程

③咖啡出品。

a. 倒出咖啡：将上壶中的咖啡液倒入事先温热好的咖啡杯至八分满。

b. 享用咖啡：根据个人口味，可以加入奶精、方糖等调味品，然后享用这杯浓郁香醇的摩卡壶咖啡。

图 4.31　摩卡壶冲煮咖啡出品

（4）操作要点

使用摩卡壶冲煮咖啡时，需要注意以下几个关键事项以确保萃取出的咖啡口感醇厚、安全卫生。

①检查摩卡壶的各个部件是否完好无损，特别是密封性能要好，以免在萃取过程中发生泄漏。

②下壶水位不要超过壶身上的安全线标记。水位过高可能导致压力过大，存在安全隐患。

③咖啡粉均匀填充到滤网中，轻轻拍平表面，但不要压实。过于紧实的咖啡粉层会阻碍水流的通过，导致萃取不均匀。

④在加热过程中，要注意控制火候，以避免过度萃取。

⑤在使用时要避免直接接触壶体，可以使用隔热手套或湿毛巾来操作以免烫伤。

⑥在萃取过程中要注意观察泄压阀的状态，确保其正常工作。

⑦每次使用完摩卡壶后要及时清洗干净，避免咖啡渣渍残留。

▶【素质提升】　　　　蒸汽中的匠心——摩卡壶的诞生与传承

摩卡壶的发明灵感源自意大利人阿方索·比亚莱蒂对其妻子当时使用的洗衣机的观察。在那个时代，洗衣机的工作原理是通过一根金属管子将加热后的肥皂水从底部吸上来，再喷到衣服上面。这种利用蒸汽压力推动液体上升的设计给了比亚莱蒂深刻的启示，他开始思考是否可以将这种原理应用到咖啡制作上。

1933年，比亚莱蒂在经过数百次的实验和设计后，终于成功发明了世界上第一支利用蒸汽压力萃取咖啡的家用摩卡壶——Moka Express。这一发明彻底改变了意大利人制作咖啡的方式，使得在短时间内利用高压力萃取咖啡液变得简单方便。

自 Moka Express 诞生以来，在比亚莱蒂及其团队的不断努力下，摩卡壶的设计和制造技术也在不断进步。从最初的铝制摩卡壶到后来的不锈钢摩卡壶，再到电加热摩卡壶、双阀门高压摩卡壶等创新产品，摩卡壶的种类和功能越来越丰富，满足了不同消费者的需求。

通过摩卡壶的发明故事，我们学到要有坚持不懈的精神和勇于创新的勇气。同时，要学会将生活中的挫折和困难转化为前进的动力，让自己在挑战中不断前行、不断成长。

【任务考核】

1.任务完成

根据老师的指导，以小组为单位完成摩卡壶冲煮咖啡相关资料收集、整理，并以PPT、海报或视频等形式在课堂上进行展示宣讲，分享各小组对摩卡壶冲煮咖啡的历史及原理的理解和感悟。小组合作完成摩卡壶冲煮咖啡调制技能训练，参照具体的操作规范，进行摩卡壶冲煮咖啡技能分项训练，把规范的操作与礼仪转化为工作习惯，共同探讨研究在摩卡壶冲煮咖啡方面"学得快、做得更好"的方法与技巧。

2.评价与改进

以小组为单位，由组长组织，根据表中的要求对各组成员作出相应的评价，并对被评价的同学提出改进建议。

表 4.7　摩卡壶冲煮咖啡综合评价表

评价项目	评价内容	个人评价	小组评价	教师评价
任务准备工作	（1）个人任务分工完成情况 （2）个人综合职业素养	☺ ☺ ☹ □ □ □ □ □ □	☺ ☺ ☹ □ □ □ □ □ □	☺ ☺ ☹ □ □ □ □ □ □
任务展示过程	课堂学习积极性	☺ ☺ ☹ □ □ □	☺ ☺ ☹ □ □ □	☺ ☺ ☹ □ □ □
知识掌握	（1）摩卡壶冲煮咖啡的历史	☺ ☺ ☹ □ □ □	☺ ☺ ☹ □ □ □	☺ ☺ ☹ □ □ □
	（2）摩卡壶冲煮咖啡的原理	☺ ☺ ☹ □ □ □	☺ ☺ ☹ □ □ □	☺ ☺ ☹ □ □ □
	（3）摩卡壶冲煮咖啡的操作流程	☺ ☺ ☹ □ □ □	☺ ☺ ☹ □ □ □	☺ ☺ ☹ □ □ □
	（4）摩卡壶冲煮咖啡口感	☺ ☺ ☹ □ □ □	☺ ☺ ☹ □ □ □	☺ ☺ ☹ □ □ □
	（5）操作卫生	☺ ☺ ☹ □ □ □	☺ ☺ ☹ □ □ □	☺ ☺ ☹ □ □ □
	（6）器具整理	☺ ☺ ☹ □ □ □	☺ ☺ ☹ □ □ □	☺ ☺ ☹ □ □ □
课后任务拓展	（1）拓展任务完成情况 （2）在线课程学习情况	☺ ☺ ☹ □ □ □ □ □ □	☺ ☺ ☹ □ □ □ □ □ □	☺ ☺ ☹ □ □ □ □ □ □
学习态度	积极认真的学习态度	☺ ☺ ☹ □ □ □	☺ ☺ ☹ □ □ □	☺ ☺ ☹ □ □ □
团队精神	（1）团队协作能力 （2）解决问题的能力 （3）创新能力	☺ ☺ ☹ □ □ □ □ □ □ □ □ □	☺ ☺ ☹ □ □ □ □ □ □ □ □ □	☺ ☺ ☹ □ □ □ □ □ □ □ □ □
综合评价	☺ ☺ ☹ □ □ □			

实训5 花式单品咖啡——皇家咖啡调制

皇家咖啡
调制

图4.32 皇家咖啡

【任务目标】

1.了解爱皇家咖啡的历史。

2.掌握爱皇家咖啡的调制技巧。

3.增强精益求精的精神以及对咖啡饮品的卓越追求。

【任务描述】

同学们在润心饮品研创社团组织的讨论会上，讨论皇家咖啡应如何调制，酒水选择是否标准，制作用具应选择哪些？在社团老师的帮助和指导下，同学们认真地进行理论知识的收集、整理和分析，并按照分工积极地做着准备，他们应该从哪些方面为同学们进行解读呢？

【任务分析】

润心饮品研创社团要学好"皇家咖啡调制"，首先，分组分工搜集相关资料，包括了解皇家咖啡的历史、皇家咖啡的调制技巧、制作过程的安全事项等。其次，同学们需要将各组搜集到的资料进行整理，并制作PPT、撰写讲课稿等以进行展示宣讲。

【任务实施】

1）皇家咖啡的来历

这是一个酷寒的冬日，士兵们远离了熟悉的家乡，来到这个漫天冰雪的国度，即使是围歼俄军的巨大胜利也抵挡不了身体的寒冷。拿破仑巧妙地将白兰地酒溶入咖啡，在舞动的蓝色火焰中感受着温暖和香醇。这款咖啡特别适合在夜晚饮用，方糖和美酒燃起的小小火焰映衬着对家乡的思念，也温暖着异乡人的心。

2）皇家咖啡的定义

据说这是法国皇帝拿破仑最喜欢的咖啡，故以"Royal"为名。拿破仑非常喜欢法国的骄傲——白兰地，喝咖啡的时候也不忘加入他最钟情的白兰地。

3）皇家咖啡的特点

这款咖啡的最大特点是调制时在方糖上淋上白兰地酒，饮用时再将白兰地点燃，当蓝色的火苗舞起，白兰地的芳醇与方糖的焦香，再加上浓浓的咖啡香，苦涩中略带着丝丝甘甜，将法兰西的浪漫完美地呈现出来。

【任务执行】

1）器具准备

（1）器具用品

滤纸滤杯、手冲壶、咖啡杯、托盘、皇家咖啡勺、杯垫。（工作前检查器具用品是否完好，做好清洁保养。）

（2）原料

方糖、白兰地（使用前检查物料是否新鲜。）

①注意：手冲壶热水控温，检查咖啡杯是否清洁、有无破损。

②皇家咖啡勺：当看到皇家咖啡勺时，你会发现它与别的咖啡勺不同，多出一个挂耳，可以架在咖啡杯上并放上方糖。

2）原料准备

（1）方糖

方糖是用细晶粒精制砂糖为原料压制成的高级糖产品，它坚固、保存方便、易溶于水；常见的有白色和褐色两种，通常为长方形；但欧美地区方糖的外形更为多样，如梅花、桃心等形状都为人们所喜爱。

（2）白兰地酒

白兰地是用发酵过的葡萄汁液经过两次蒸馏而成的。最好的白兰地是由不同酒龄、不同来源的多种白兰地勾兑而成的，其酒度在国际上的一般标准是42°~43°。法国是酿制白兰地最为知名的地方之一，其中以干邑白兰地最为驰名，口味高雅醇和，具有特殊的芳香。

我们本次实训采用的是国产白兰地。

图4.33 皇家咖啡调制所需物料

3）咖啡调制与出品

①使用单品咖啡冲泡器具冲煮一杯精品咖啡。

②将皇家咖啡勺架在咖啡杯上，将方糖放在咖啡勺上。

③将15 mL白兰地酒倒在方糖上，让方糖充分吸收酒液以便点燃。

④用打火喷枪点燃白兰地方糖，让其燃烧，燃烧完毕再用皇家咖啡勺在热咖啡中搅拌，此时可以根据口味加入适量咖啡伴侣。（注意：点火时注意操作安全。）

⑤清理台面：清洁器具，确保无污渍无异味；清理台面保证干净整齐。

图4.34 皇家咖啡调制流程

▶【素质提升】　　　　　　　　中式咖啡的皇家韵味

　　故宫神武门旁的角楼咖啡，凭借其融合宫廷元素的文创产品迅速走红。店内装潢尽显国风雅韵，正红门楣、木质架构、古色古香的门廊，搭配中式木质家具与灰砖地板，更有屏风、圆窗、壁纸精妙融合《千里江山图》元素，房梁轻悬《千里江山图》丝缦，文化气息浓郁，成为游客争相打卡之地。角楼咖啡推出"故宫甄选"系列，如酥麻馎馎玉乳茶、豌豆黄拿铁、康熙最爱巧克力等，别具一格。

　　颐和园作为清朝皇家园林典范，完美诠释了"虽由人作，宛自天开"的造园艺术。园内的颐啡咖啡店，则以东方美学为核心，营造文化咖啡氛围。游人在园中漫步后，可在此小憩，享受一份宁静与闲适。店内床榻坐垫与宫廷风绣花靠枕尤为吸睛，营造出宫廷般的氛围。品完咖啡，游客还能移步室外游廊，边赏昆明湖美景，边细品咖啡香。颐啡提供包括美式、拿铁、卡布奇诺在内的多种咖啡选择，其命名也富含古典韵味，如玄鸟衔金拿铁、银苏秋绪·摩卡、梧桐锁月·拿铁等，单价在28至58元不等。此外，还有含翠青乳、皎月凝脂乳、椰岛琼浆等酿乳产品，满足不同口味需求。

　　从"舶来品"到"本土化"，咖啡在中国的旅程充满了创新与融合。中国人巧妙地将传统风味融入咖啡，创造出诸如加入桂花、枸杞、红枣等中式食材的创意咖啡，这些本土化尝试不仅丰富了咖啡的风味，也赋予了咖啡更深厚的文化内涵。这种创新不仅满足了消费者对新鲜感的追求，也进一步激发了咖啡市场的活力。

【任务考核】

1.任务完成

　　根据老师的指导，以小组为单位完成包括皇家咖啡的历史、调制技巧、制作过程的安全事项等相关资料的收集、整理，并以PPT、海报或视频等形式在课堂上进行展示宣讲，分享各组对皇家咖啡的理解和感悟，总结所学内容，并反思皇家咖啡背后的启示和意义。

2.评价与改进

　　以小组为单位，由组长组织，根据表中的要求对各组成员作出相应的评价，并对被评价的同学提出改进建议。

表4.8　皇家咖啡的调制综合评价表

评价项目	评价内容	个人评价	小组评价	教师评价
任务准备工作	(1) 个人任务分工完成情况 (2) 个人综合职业素养	☺ ☺ ☹ □ □ □ □ □ □	☺ ☺ ☹ □ □ □ □ □ □	☺ ☺ ☹ □ □ □ □ □ □
任务展示过程	课堂学习积极性	☺ ☺ ☹ □ □ □	☺ ☺ ☹ □ □ □	☺ ☺ ☹ □ □ □
知识掌握	(1) 皇家咖啡的定义	☺ ☺ ☹ □ □ □	☺ ☺ ☹ □ □ □	☺ ☺ ☹ □ □ □
	(2) 皇家咖啡的特点	☺ ☺ ☹ □ □ □	☺ ☺ ☹ □ □ □	☺ ☺ ☹ □ □ □
	(3) 皇家咖啡的制作	☺ ☺ ☹ □ □ □	☺ ☺ ☹ □ □ □	☺ ☺ ☹ □ □ □
课后任务拓展	(1) 拓展任务完成情况 (2) 在线课程学习情况	☺ ☺ ☹ □ □ □	☺ ☺ ☹ □ □ □	☺ ☺ ☹ □ □ □
学习态度	积极认真的学习态度	☺ ☺ ☹ □ □ □	☺ ☺ ☹ □ □ □	☺ ☺ ☹ □ □ □
团队精神	(1) 团队协作能力 (2) 解决问题的能力 (3) 创新能力	☺ ☺ ☹ □ □ □	☺ ☺ ☹ □ □ □	☺ ☺ ☹ □ □ □
综合评价	☺ ☺ ☹ □ □ □			

实训6　花式单品咖啡——爱尔兰咖啡调制

【任务目标】

1. 了解爱尔兰咖啡的历史。

2. 掌握爱尔兰咖啡的调制技巧。

3. 培养精益求精的精神以及对咖啡饮品的卓越追求。

爱尔兰咖啡
调制

【任务描述】

同学们在润心饮品研创社团组织的讨论会上，讨论爱尔兰咖啡应该如何调制，酒水选择是否标准，制作用具应该选择哪些？在社团老师的帮助和指导下，同学们认真地进行理论知识的收集、整理和分析，并按照分工积极地做着准备，他们应该从哪些方面去学习爱尔兰咖啡呢？

【任务分析】

润心饮品研创社团要学好"爱尔兰咖啡调制"，首先，分组分工搜集相关资料，包括了解爱尔兰咖啡的历史、爱尔兰咖啡的调制技巧、制作过程的安全事项。其次，同学们需要将各组搜集到的资料进行整理，并制作PPT、撰写讲课稿等进行互学交流。

【任务实施】

1）爱尔兰咖啡的来历

爱尔兰咖啡是都柏林酒吧的调酒师为一位美丽的空姐调制的。这位空姐并不喝酒，只爱咖啡，可他擅长的是鸡尾酒而不是咖啡。能为她亲手制作一款饮品是他最大的心愿，创作的灵感冲击着他的大脑，最终一款融合了爱尔兰威士忌和咖啡的饮品在他的手里诞生了，他将它命名为"爱尔兰咖啡"，并悄悄地添加在酒单里，一年过去了，她终于点了"爱尔兰咖啡"。爱尔兰咖啡最早出现在柏林，却盛行于旧金山。

2）爱尔兰咖啡的定义

爱尔兰咖啡是一种含有酒精的咖啡，于1940年首次调制而成，由热咖啡、爱尔兰威士忌、奶油和糖混合而成。

3）爱尔兰咖啡的特点

爱尔兰咖啡非常适合在冬天饮用，可以帮助你驱除寒意。爱尔兰威士忌是爱尔兰咖啡不可或缺的一部分，充满激情的酒精为整个饮品注入了更多的层次感和风味。

爱尔兰咖啡杯的杯型和容量规格也有很多种，杯身上一般都带有手柄，杯壁为双层型或者加厚型。

【任务执行】

1）器具准备

（1）器具用品

虹吸式咖啡壶、爱尔兰烤杯架、爱尔兰杯、量酒器、奶油枪、杯垫。（开始前检查器具用品是否完好，做好清洁保养。）

（2）原料

爱尔兰威士忌酒、鲜奶油（使用前检查物料是否新鲜、在保质期内）、曼特宁咖啡豆。

①爱尔兰杯：爱尔兰杯是用钢化玻璃制成的耐热高脚杯，杯子的上缘与下缘各有一条线，下缘线标示1oz，上缘线标示180 cc，在制作过程中通常与爱尔兰咖啡烤杯架配合使用。

②量杯：量杯也称量酒器、盎司杯，是水吧、酒吧、咖啡馆等工作人员量取液体的专用器具；多为双头设计、不锈钢材质；1英制液体oz=28.41 mL。

③奶油枪：奶油枪又称专业奶油发泡器，是制作花式咖啡必备的器材，通常由挤花嘴、气弹仓、壶体组成。

2）原料准备

（1）爱尔兰威士忌酒

爱尔兰威士忌酒是一种只在爱尔兰地区生产的，以大麦、燕麦、小麦和黑麦等为原料的威士忌。通常需要经过塔式蒸馏器蒸馏3次，再将其注入橡木桶陈酿8~15年，在入瓶时兑玉米威士忌并添加蒸馏水使酒度在40°左右。此种威士忌因原料不采用泥炭的熏焙，所以没有焦香味，口味比较绵柔长，适合与咖啡等饮料共饮。

（2）鲜奶油

鲜奶油也称淡奶油，是从新鲜牛奶中分离出脂肪的高浓度奶油，呈液状。鲜奶油分为动物性鲜奶油和植物性鲜奶油：动物性鲜奶油用乳脂或牛奶制成，而植物性鲜奶油的主要成分是棕榈油和玉米糖浆，其色泽来自食用色素，牛奶风味来自人工香料。日常生活中人们用其制作冰激凌、装饰蛋糕、冲泡花式咖啡等。

图4.35 爱尔兰咖啡调制所需物

3）咖啡调制

（1）用虹吸壶冲煮曼特宁

（2）烤杯

①将爱尔兰杯置于爱尔兰烤杯架上，将方糖和爱尔兰威士忌注入杯中至第1条黑线处（约1oz），并将酒精灯点燃，对准杯腹处加热。

②匀速转动杯子，使各面均匀受热。

③爱尔兰威士忌中的酒精因受热挥发，酒香四溢。

④方糖慢慢融化。

⑤将爱尔兰杯从爱尔兰烤杯架上取下，杯子倾斜，杯口对准火源点燃酒液。

⑥点燃后将杯子放平，待燃火自然熄灭，将5 oz咖啡注入杯中（达到第2条线处约180 cc），将虹吸壶中制作好的热咖啡缓缓注入爱尔兰杯至上缘金线处。

（3）注入适量鲜奶油

在咖啡顶端注入适量鲜奶油，奶油厚度以1 cm为佳。

（4）奶油枪的使用步骤

①打开盖子，倒入鲜奶油（不超过1/2），将盖子拧紧。

②装入氮气弹，摇动。

③安装挤花嘴，朝下挤压就可将奶油压出来。

④小贴士：将用不完的奶油存放在冰箱中供再次使用，但存放时间在一个星期之内为佳。

（5）清理台面

①将爱尔兰咖啡放在托盘中，同时放入杯垫、咖啡勺、餐巾纸等物品。

②清洗虹吸壶。特别要清洗过滤器，并用清水浸泡，然后将其保存在冰箱中。

③清理台面要干净整齐，器具的清洁度要求无污迹。

图4.36　爱尔兰咖啡调制流程

4）咖啡出品

（1）咖啡出品准备

准备好托盘、咖啡勺、糖包、杯碟。（注意出品时检查咖啡杯碟是否有咖啡渍。）

（2）咖啡出品

▶【素质提升】　　　　　　　　　　爱尔兰咖啡中的工匠精神

爱尔兰咖啡杯的独特外观设计，耐高温特种玻璃的特殊材质，不仅是其品质的彰显，更是对安全生产的坚守。在制作过程中，精确到毫厘的用量控制，体现了操作者对细节的极致追求。加热环节更是对专注与耐心的挑战。直喷式打火机的使用，确保了点火安全；杯子内外的干燥处理，防止了炸裂的风险。匀速旋转杯底，使热量均匀分布，这一系列细致入微的操作，彰显了操作者的高度专注与精湛技艺。当方糖融化，雾气升腾，酒精的挥发与温度的融合，让咖啡的风味达到了完美的平衡。点燃威士忌的瞬间，香气四溢，也点燃了我们对严谨工作的热情。

通过制作爱尔兰咖啡，我们不仅学会了技艺，更收获了安全操作的重要意识、精益求精的工匠精神以及严谨的工作态度。这些宝贵的品质，将成为我们未来学习与工作中的坚实基石，引领我们不断前行。

【任务考核】

1.任务完成

根据老师的指导，以小组为单位完成包括爱尔兰咖啡的历史、调制技巧、制作过程的安全事项等相关资料的收集、整理，并以PPT、海报或视频等形式在课堂上进行展示宣讲，分享各组对爱尔兰咖啡的理解和感悟，总结所学内容，并反思爱尔兰咖啡背后的启示和意义。

2.评价与改进

以小组为单位，由组长组织，根据表中的要求对各组成员作出相应的评价，并对被评价的同学提出改进建议。

表4.9   爱尔兰咖啡的调制综合评价表

评价项目	评价内容	个人评价	小组评价	教师评价
任务准备工作	（1）个人任务分工完成情况 （2）个人综合职业素养	☺ ☺ ☹ □ □ □ □ □ □	☺ ☺ ☹ □ □ □ □ □ □	☺ ☺ ☹ □ □ □ □ □ □
任务展示过程	课堂学习积极性	☺ ☺ ☹ □ □ □	☺ ☺ ☹ □ □ □	☺ ☺ ☹ □ □ □
知识掌握	（1）爱尔兰咖啡的定义	☺ ☺ ☹ □ □ □	☺ ☺ ☹ □ □ □	☺ ☺ ☹ □ □ □
	（2）爱尔兰咖啡的特点	☺ ☺ ☹ □ □ □	☺ ☺ ☹ □ □ □	☺ ☺ ☹ □ □ □
	（3）爱尔兰咖啡的制作	☺ ☺ ☹ □ □ □	☺ ☺ ☹ □ □ □	☺ ☺ ☹ □ □ □
课后任务拓展	（1）拓展任务完成情况 （2）在线课程学习情况	☺ ☺ ☹ □ □ □ □ □ □	☺ ☺ ☹ □ □ □ □ □ □	☺ ☺ ☹ □ □ □ □ □ □
学习态度	积极认真的学习态度	☺ ☺ ☹ □ □ □	☺ ☺ ☹ □ □ □	☺ ☺ ☹ □ □ □
团队精神	（1）团队协作能力 （2）解决问题的能力 （3）创新能力	☺ ☺ ☹ □ □ □ □ □ □ □ □ □	☺ ☺ ☹ □ □ □ □ □ □ □ □ □	☺ ☺ ☹ □ □ □ □ □ □ □ □ □
综合评价		☺ ☺ ☹ □ □ □		

项目 5

精品咖啡的品鉴

【导读】

　　精品咖啡的品鉴与欣赏，是一个融合了视觉、嗅觉、味觉及触觉的全方位体验过程。了解咖啡的产地、品种、烘焙程度等基本信息，有助于更好地理解和欣赏咖啡的独特风味。精品咖啡的品鉴与欣赏是一个需要专业知识和细致感受的过程。本项目将引领大家通过持续不断的实践和探索，逐渐提升咖啡品鉴能力，以更好地欣赏和享受咖啡带来的美好体验。

【项目背景】

咖啡的制作过程包括将咖啡豆磨成粉末、进行烘焙和干燥等，这些步骤都需要严格的控制和检验。筛选咖啡豆则是其中最为重要的一步，它可以确保咖啡豆的质量和均匀性，从而保证咖啡的品质和口感。咖啡豆筛网是一种将咖啡豆进行初步筛选的工具，通过筛网将咖啡豆中的杂质和未成熟的咖啡豆去除，留下成熟的咖啡豆。这种筛选方式可以确保咖啡豆的品质均匀，不含杂质，从而保证了咖啡的口感和香气。筛选咖啡豆在咖啡制作中的重要性不容忽视。在烘焙和干燥过程中，咖啡豆的质量会发生变化，如果咖啡豆的质量不均匀，那么它们的口感和香气也会有所不同。通过筛选咖啡豆，制作者可以确保咖啡豆的质量均匀，从而保证咖啡的品质和口感一致。

【项目目标】

1.定义解读：明确筛选咖啡豆的相关概念。

2.标准学习：深入了解咖啡瑕疵豆的种类以及筛选步骤。

3.过程体验：通过模拟实践筛选咖啡豆，提升同学们在筛选与处理咖啡豆方面的专业技能与操作能力。

4.文化感知：激发同学们对咖啡文化的热爱与尊重，培养他们对精品咖啡的追求以及精益求精的精神。

5.技能提升：鼓励同学们在了解传统筛选处理方式的基础上，勇于探索创新，为咖啡品质的提升贡献自己的智慧与力量。

【学习建议】

1.文化交流：组织同学们前往咖啡加工厂实地考察研学，邀请咖啡庄园主或行业专家进行分享，促进同学们之间的交流与学习。

2.网络学习：利用网络资源如各种在线精品课程、视频教程和国际咖啡组织、世界咖啡研究所等官方网站，了解筛选和品鉴精品咖啡豆的最新工艺。

3.项目总结与展示：同学们以小组形式总结学习成果，撰写项目报告或制作PPT进行展示，分享自己对品鉴精品咖啡豆的理解与感悟。

任务1 瑕疵豆的种类

【任务目标】

1. 了解咖啡瑕疵豆的概念。

2. 掌握咖啡瑕疵豆的种类。

3. 培养精益求精的精神以及对咖啡豆品质的卓越追求。

瑕疵豆的
种类

【任务描述】

同学们在润心饮品研创社团组织的筛豆会上筛选咖啡豆，不少同学提出了疑惑：哪些豆属于瑕疵豆？我们如何能准确又快速地完成瑕疵豆的筛选呢？为了解答同学们的疑惑，社团成员准备做一期"筛选咖啡豆"课程，在社团老师的帮助和指导下，同学们认真地进行理论知识的收集、整理和分析，并按照分工积极地做着准备，他们应该从哪些方面为同学们解读呢？

【任务分析】

润心饮品研创社团要做好"筛选咖啡豆"课程，首先，分组分工搜集相关资料，包括瑕疵豆的概念以及瑕疵豆的种类等方面的知识，以丰富展示内容。其次，同学们需要将各组搜集到的资料进行整理，并制作PPT、撰写讲课稿等进行展示宣讲，邀请参与活动的同学分享自己对"咖啡瑕疵豆"的理解和感悟。

【任务实施】

咖啡豆是属于农产品，在咖啡的生长、人工处理、生豆储藏和烘焙等过程中都有可能产生瑕疵豆。下面就带大家辨别各种瑕疵豆。

1）什么是瑕疵豆

高海拔地区是咖啡树的理想生长条件，在该条件下生长的咖啡豆风味更醇厚；同一批次的咖啡豆中瑕疵豆（发霉豆、虫蛀豆、未熟豆等）比例越少品质越好，按"美国精品咖啡协会分级制"，每300克咖啡豆瑕疵豆超过8颗则不能算是精品豆。

瑕疵豆的产生是因为咖啡豆发育不好，又或者是处理不当，以及烘焙时出现问题，造成豆子完整性欠缺，颜色变异或出现刺激性气味。

图 5.1　瑕疵豆

2）咖啡瑕疵豆的种类

（1）带壳豆

咖啡内果皮覆盖在咖啡豆果肉内侧，多残留在水洗法处理下的咖啡豆中；烘焙时的透热性差，有时还会着火燃烧，导致咖啡出现涩味。

（3）石头

虽然在严格意义上不算瑕疵豆，但在挑拣不干净的情况下，石头会混迹其中。

（4）发霉豆

由于干燥不完全或运输、保管过程中过于潮湿，豆子会长出青色、白色的霉菌，若不去除会产生霉臭味。

（5）发酵豆

一种是在水洗法处理咖啡时在发酵槽浸泡时间过长，被水洗咖啡豆的水污染而形成的；另一种是咖啡堆放在仓库时，因而附着细菌，豆子表面变得斑驳，若混入咖啡中会产生腐臭味。

（6）死豆

非正常结果的豆子，颜色不易因烘焙而改变，味道平淡，与银皮同样有害无益，会成为异味的来源。

（7）未熟豆

在其成熟前就被采摘下的豆子，有腥膻、令人作呕的味道。

（8）贝壳豆

因干燥不完全或杂交异常而产生，豆子从中央线处破裂，内侧像贝壳般翻出；会造成烘焙不均，进行深度烘焙时容易着火。

（9）虫蛀豆

蛾在咖啡果实成熟变红之际侵入产卵，幼虫啃食咖啡果实成长，豆子表面会留下虫蛀痕迹，会造成咖啡液混浊，有时会产生怪味。

（10）黑豆

较早成熟掉落地面，长期与地面接触而发酵变黑的豆子，可轻易通过手选步骤挑除。混入黑豆煮出来的咖啡会产生腐臭味且浑浊。

（11）可可（粪豆）

自然干燥法使得果肉残留、未充分脱壳是它形成的原因，带有碘、土等味道，会产生类似氨的臭味。"可可"是葡萄牙语"粪"的意思。

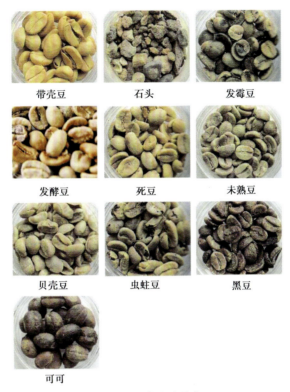

带壳豆	石头	发霉豆
发酵豆	死豆	未熟豆
贝壳豆	虫蛀豆	黑豆
可可		

图 5.2　瑕疵豆的种类

▶【素质提升】　　　　　　　　　筛选咖啡豆的重要性

筛选咖啡豆作为咖啡生产流程中的核心环节，对咖啡的最终品质起着决定性作用。从采摘的初始阶段到精细的加工、烘焙阶段，每一步骤都深刻影响着咖啡的口感与香气。在这一系列复杂过程中，筛选尤为关键，它不仅是品质保障的第一步，更是后续工艺得以顺利进行的基石。

通过筛选，不仅能有效别除因病虫害、破损、异色等原因形成的瑕疵豆，还能根据咖啡豆的密度、大小、形状等物理特性进行分级，进一步提升咖啡产品的品质一致性。此外，筛选过程中还需考虑咖啡豆的产地、品种等因素，以充分展现不同咖啡豆的独特风味与特色。

咖啡豆筛选不仅是咖啡生产中的一道重要工序，更是确保咖啡品质、提升消费者体验的关键所在。

【任务考核】

1.任务完成

根据老师的指导，以小组为单位完成包括瑕疵豆的概念以及其种类等方面的知识的收集、整理，并以PPT、海报或视频等形式在课堂上进行展示宣讲，分享各组对瑕疵咖啡豆的理解和感悟，总结所学内容，并反思筛选咖啡豆的意义。

2.评价与改进

以小组为单位，由组长组织，根据表中的要求对各组成员作出相应的评价，并对被评价的同学提出改进建议。

表5.1　瑕疵咖啡豆综合评价表

评价项目	评价内容	个人评价	小组评价	教师评价
任务准备工作	（1）个人任务分工完成情况 （2）个人综合职业素养	☺ 😐 ☹ □ □ □ □ □ □	☺ 😐 ☹ □ □ □ □ □ □	☺ 😐 ☹ □ □ □ □ □ □
任务展示过程	课堂学习积极性	☺ 😐 ☹ □ □ □	☺ 😐 ☹ □ □ □	☺ 😐 ☹ □ □ □
知识掌握	（1）瑕疵定义	☺ 😐 ☹ □ □ □	☺ 😐 ☹ □ □ □	☺ 😐 ☹ □ □ □
	（2）瑕疵特点	☺ 😐 ☹ □ □ □	☺ 😐 ☹ □ □ □	☺ 😐 ☹ □ □ □
	（3）瑕疵豆种类	☺ 😐 ☹ □ □ □	☺ 😐 ☹ □ □ □	☺ 😐 ☹ □ □ □
课后任务拓展	（1）拓展任务完成情况 （2）在线课程学习情况	☺ 😐 ☹ □ □ □ □ □ □	☺ 😐 ☹ □ □ □ □ □ □	☺ 😐 ☹ □ □ □ □ □ □
学习态度	积极认真的学习态度	☺ 😐 ☹ □ □ □	☺ 😐 ☹ □ □ □	☺ 😐 ☹ □ □ □
团队精神	（1）团队协作能力 （2）解决问题的能力 （3）创新能力	☺ 😐 ☹ □ □ □ □ □ □ □ □ □	☺ 😐 ☹ □ □ □ □ □ □ □ □ □	☺ 😐 ☹ □ □ □ □ □ □ □ □ □
综合评价		☺ 😐 ☹ □ □ □		

实训1 筛选熟豆的技巧

【任务目标】

筛选熟豆的
技巧

1. 了解筛选熟豆的意义。
2. 掌握筛选熟豆的步骤。
3. 培养精益求精的精神以及对咖啡豆品质的卓越追求。

【任务描述】

同学们在润心饮品研创社团组织的筛豆会上筛选老师刚烘焙好的咖啡豆，不少同学提出一些疑惑：我们如何能准确又快速地完成熟豆的筛选呢？为解答同学们的疑惑，社团成员准备做一期"筛选熟豆"课程，在社团老师的帮助和指导下，同学们认真地进行理论知识的收集、整理和分析，并按照分工积极地做着准备，他们应该从哪些方面为同学们解读呢？

【任务分析】

润心饮品研创社团要做好"筛选熟豆"课程，首先，分组分工搜集相关资料，包括筛选熟豆的意义以及筛选熟豆的步骤等方面的知识，以丰富展示内容。其次，同学们需要将各组搜集到的资料进行整理，并制作PPT、撰写讲课稿等进行展示宣讲，邀请参与活动的同学分享自己对"咖啡熟豆"的理解和感悟。

【任务实施】

1）筛选熟豆的意义

如果你曾在世界咖啡冲煮大赛的后台逗留过，你会时不时地看到咖啡师坐在咖啡盘前，专心致志地挑选着他们的咖啡豆。任何轻微的瑕疵或色差、任何大小或形状有偏差的咖啡豆都会被挑出并丢弃，直到只剩下最完美的实物来呈现给评委。考虑到比赛中使用的咖啡豆品质很高，其实大多数被丢弃的咖啡豆完全可以饮用，然而在咖啡师们看来，有时只需要一颗坏豆子就能毁掉一杯咖啡。有了一致品相的咖啡豆，更有希望得到更稳定品质的咖啡产品。一杯咖啡在到达咖啡师手中时，已经被筛选了很多次。因此，精品咖啡的诞生得益于筛选，这句话一点也不夸张。在这一过程中，每一步都依靠手工和机器，不放过任何有缺陷的豆子。

2）筛选熟豆的步骤

筛选咖啡熟豆的技巧主要包括观察外观、检查烘焙程度、闻味以及注意咖啡豆的类型。

（1）观察外观

查看咖啡豆的外观色泽，如果深浅不均，表示可能烘焙不均或咖啡生豆有瑕疵；检查咖啡豆的形状，如果残碎的豆子较多或大小不均，可能意味着品质不高；通过观察咖啡豆的外观，可以初步判断其新鲜度和质量。

（2）检查烘焙程度

触摸咖啡豆，如果表面干燥无油腻感且呈现出偏深的褐色，表示烘焙程度恰到好处；如果咖啡豆轻易被捏碎成粉末，表示可能烘焙过度；如果用了很大的力气也没能捏碎咖啡豆，则表示可能烘焙过浅。

（3）闻味

闻碎裂的咖啡豆，如果闻到新鲜的香味，表示咖啡豆品质不错；如果香气淡薄或闻到陈腐的味道，则表示品质不佳。

（4）注意咖啡豆的烘焙类型

咖啡熟豆的烘焙程度分为多种类型，如浅烘焙、中烘焙、深烘焙等，不同类型的咖啡豆适用于不同的冲泡方式。

精品咖啡豆的烘焙度也有其特定的要求，选择合适的烘焙度对于提取出最佳的咖啡风味至关重要。

▶【素质提升】　　　筛选咖啡熟豆对咖啡品质的重要性

在咖啡的精致之旅中，筛选熟豆作为一道至关重要的工序，直接关乎咖啡成品的最终品质与风味。从烘焙完成的那一刻起，每一粒咖啡熟豆都承载着独特的风味潜力，筛选则是挖掘并保留这些潜力的关键步骤。

筛选熟豆的主要目的是剔除那些在烘焙过程中产生瑕疵或不符合品质标准的豆子。这些瑕疵可能源于原料本身的问题，如病虫害、破损等，也可能是在烘焙过程中形成的，如烧焦、变色等。严格的筛选可以确保只有品质上乘、风味纯正的熟豆进入后续的研磨与冲泡环节。

筛选过程不仅要求咖啡工作人员细致入微，还需结合专业的知识与技能。筛选师需凭借丰富的经验，运用各种工具与设备，对熟豆进行全方位的检查与评估。他们关注豆子的外观特征，以进一步判断豆子的新鲜度、香气与口感。通过工作人员精益求精的工作态度和精湛的技能，使每一杯咖啡都能呈现出最佳的风味与口感，增强消费者对品牌的信任与忠诚度，为咖啡文化的传播与发展奠定坚实的基础。因此，在咖啡生产过程中，筛选熟豆应当被视为一项不可或缺的核心工序，并给予充分的重视与投入。

【任务考核】

1.任务完成

以小组为单位完成包括筛选熟豆的意义及步骤等方面的知识的收集、整理，并以PPT、海报或视频等形式，根据老师的指导，在课堂上进行展示宣讲，分享各组对筛选熟豆的理解和感悟，总结所学内容，并反思筛选熟豆的意义。

2.评价与改进

以小组为单位，由组长组织，根据表中的要求对各组成员作出相应的评价，并对被评价的同学提出改进建议。

表5.2　咖啡熟豆筛选综合评价表

评价项目	评价内容	个人评价	小组评价	教师评价
任务准备工作	（1）个人任务分工完成情况 （2）个人综合职业素养	☺ ☺ ☹ □ □ □ □ □ □	☺ ☺ ☹ □ □ □ □ □ □	☺ ☺ ☹ □ □ □ □ □ □
任务展示过程	课堂学习积极性	☺ ☺ ☹ □ □ □	☺ ☺ ☹ □ □ □	☺ ☺ ☹ □ □ □
知识掌握	（1）筛选熟豆的意义	☺ ☺ ☹ □ □ □	☺ ☺ ☹ □ □ □	☺ ☺ ☹ □ □ □
	（2）筛选熟豆的步骤	☺ ☺ ☹ □ □ □	☺ ☺ ☹ □ □ □	☺ ☺ ☹ □ □ □
课后任务拓展	（1）拓展任务完成情况 （2）在线课程学习情况	☺ ☺ ☹ □ □ □ □ □ □	☺ ☺ ☹ □ □ □ □ □ □	☺ ☺ ☹ □ □ □ □ □ □
学习态度	积极认真的学习态度	☺ ☺ ☹ □ □ □	☺ ☺ ☹ □ □ □	☺ ☺ ☹ □ □ □
团队精神	（1）团队协作能力 （2）解决问题的能力 （3）创新能力	☺ ☺ ☹ □ □ □ □ □ □ □ □ □	☺ ☺ ☹ □ □ □ □ □ □ □ □ □	☺ ☺ ☹ □ □ □ □ □ □ □ □ □
综合评价	☺ ☺ ☹ □ □ □			

任务2 咖啡风味概览

随着咖啡饮料的普及，人们开始对咖啡整体风味有了更高的要求。喜爱喝咖啡的人知道不同的咖啡有不同的风味，从而在各种咖啡中发现各种各样的不同风味，找到自己喜欢的咖啡风味类型。

【任务目标】

1. 了解咖啡的风味种类。

2. 掌握咖啡的风味特点。

3. 培养对咖啡饮品口感的卓越追求。

咖啡风味
概览

【任务描述】

同学们在润心饮品研创社团组织的品鉴会上，讨论各类咖啡的风味特点，不少同学提出一些疑惑：如何描述这些风味？这些风味你是否都接触过？应该如何归类这些风味呢？为了解答同学们的疑惑，社团成员准备做一期"咖啡风味"课程，在社团老师的帮助和指导下，同学们认真地进行理论知识的收集、整理和分析，并按照分工积极地做着准备，他们应该从哪些方面为同学们解读呢？

【任务分析】

润心饮品研创社团要做好"咖啡风味"课程，首先，分组分工搜集相关资料，包括了解咖啡风味的分类以及每种风味的特点等方面的知识，以丰富展示内容。其次，同学们需要将各组搜集到的资料进行整理，并制作PPT、撰写讲课稿等准备进行展示宣讲，邀请参与活动的同学分享自己对"咖啡风味"的理解和感悟。

【任务实施】

风味的分类

（1）栽种时产生的风味

栽种时产生的风味与咖啡产地直接相关，如地理条件、气候条件、栽种品质、加工方式等。下面这组风味直接决定你所喝到的咖啡的酸质好坏，是优质舒适的活泼酸，还是令人无法接受的死酸。

①花香韵。

a. 蜂蜜味：精品咖啡中才有的味道，蜂蜜味在咖啡粉状态时很明显，阿拉比卡比罗布斯塔的蜂蜜味更加明显。

b. 茶玫瑰味：红花的香气，在冲煮时比研磨时明显，阿拉比卡比罗布斯塔的味道更明显。

c. 咖啡花味：白花的香气，类似茉莉花的香气。

②果香韵。

a. 柠檬味：咖啡中的柠檬香气，是一种清新、高雅、活泼的味道，这类风味常常出现在非洲咖啡豆中，如埃塞俄比亚的咖啡豆。

b. 杏桃味：通常在生豆最新鲜的时候烘焙才能获得的香气，拥有这种风味的咖啡酸度比较高。

c. 苹果味：优质的香气，类似于青苹果的酸质，常见于中美洲以及哥伦比亚咖啡豆中。

③草本植物韵。

a. 豌豆味：出现在生豆或者烘焙不到位的咖啡豆中，如果咖啡出现这个味道，通常要检查烘焙时的温度。

b. 黄瓜味：非主调风味，不会太明显与强烈，但会增加咖啡风味的复杂性。

c. 马铃薯味：生豆感染导致。有这种味道的咖啡豆，很难从生豆外观辨别，只能通过闻或喝来辨别。

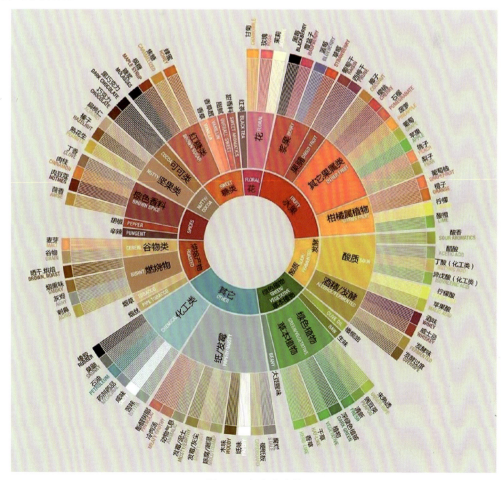

图5.3　咖啡风味轮

（2）烘焙时产生的风味

烘焙时产生的风味直接影响的是咖啡的甜度。相对于栽种时产生的风味以及化学热解时产生的风味，烘焙时产生的风味是绝大部分人都能接受的咖啡风味，一般人熟悉的"咖啡香"大部分都是在烘焙时产生的风味。

①焦糖韵。

a.焦糖味：一种时常能闻到的香气。当咖啡中含有充足且优质的碳水化合物与蛋白质，并且通过好的烘焙技术进行烘焙时，就能产生明显的焦糖香气。

b.鲜奶油味：通常是指具有奶油味的咖啡，整体口感温和圆润。

c.烤花生味：一种比较内敛的味道，类似于花生酱的风味。

②坚果韵。

a.烤杏仁味：味道比烤榛果更厚实，具有浓浓的甜香味，会大幅提升咖啡的甜度。

b.烤榛果味：味道比烤杏仁味轻盈很多，可让咖啡的香气带有某种程度的甜味。

c.胡桃味：常以"尾韵"的形式存在，是喝完一口咖啡后嘴里残留的香气。

③巧克力韵。

a.巧克力味：咖啡里的巧克力味通常具有主调性，其他坚果的香气会包覆在这个主要风味的周围。

b.吐司味：吐司味稍纵即逝，是一种平时很难体验到却真实存在的味道。这个风味能让咖啡整体变得更加协调。

c.香草味：咖啡里普遍存在的味道。香草味有平衡所有风味的作用。

（3）化学热解时产生的风味

化学热解时产生的风味是所有风味群组中分子量最大、挥发性最弱的群组，通常可使咖啡变得苦而香气浓郁。

①辛香料韵。

a.胡椒味：胡椒味一般出现在深度烘焙的咖啡豆中，带有些许的辣感。通常在品尝过程中炭烧味更浓、更易吸引人，从而掩盖胡椒味。

b.丁香味：丁香味会让咖啡喝起来更有层次感。

c.香菜籽味：通常在咖啡豆开封的瞬间能闻到，存在时间非常短暂。

②树脂韵。

a.雪松味：夏威夷科纳咖啡中最常见的风味之一，非常迷人。

b.黑醋栗味：闻起来像原木家具的味道，跟莓果味大相径庭，它是形容黑醋栗灌木与叶子的味道，而不是形容黑醋栗果实的味道。

c.枫糖味：这种枫糖味并不是烘焙时产生风味组的那种焦糖甜香，而是类似蜂蜜的花粉味。因为分子量较大，所以在咖啡里不太容易被闻到。

③热解化韵。

a.麦芽味：类似威士忌和精酿啤酒中的麦芽味，像是泡过橡木桶的麦芽酒体的味道。

b.烟草味：烟草味不等于香烟味，也不是烟熏味，而是更接近雪茄的味道。

c.烘焙咖啡味：它是咖啡的一种标志性味道，可以让人感受到咖啡的浓郁香醇。

▶【素质提升】　　　　　　　　　**为咖啡风味保驾护航**

在咖啡的精致旅程中，每一款优质咖啡的诞生都离不开严谨的工艺管控。这一过程不仅是对咖啡豆本身的一次深度塑造，更是对咖啡文化及品质的坚守与传承。其中，咖啡果实的品质、发酵控制以及干燥过程作为可控制的三大核心变数，是避免产生不良风味、增进咖啡独特风味的关键细节，可深刻体现出精益求精的工匠精神。

发酵过程也是一把双刃剑，若控制不当，极易产生不良风味。因此，在教学中，我们应重视发酵控制，掌握科学的发酵原理与操作方法，培养精准控制、勇于探索的科学精神。同时理解干燥过程的原理与影响因素，学会根据咖啡豆的实际情况调整干燥条件，以达到最佳的风味效果。

咖啡处理法的严谨管控不仅是对咖啡品质的保障，更是对精益求精工匠精神的生动诠释。咖啡工作者要保持对咖啡文化的热爱与尊重，具备专业素养与社会责任感，为咖啡行业的持续发展贡献力量。

【任务考核】

1.任务完成

根据老师的指导，以小组为单位完成包括咖啡风味的分类以及每种风味的特点等相关资料的收集、整理，并以PPT、海报或视频等形式在课堂上进行展示宣讲，分享各组对咖啡风味的理解和感悟，总结所学内容，模拟作为一名品鉴专家对咖啡风味进行解说。

2.评价与改进

以小组为单位，由组长组织，根据表中的要求对各组成员作出相应的评价，并对被评价的同学提出改进建议。

表 5.3　咖啡风味概览的综合评价表

评价项目	评价内容	个人评价	小组评价	教师评价
任务准备工作	(1) 个人任务分工完成情况 (2) 个人综合职业素养	☺ ☺ ☹ □ □ □ □ □ □	☺ ☺ ☹ □ □ □ □ □ □	☺ ☺ ☹ □ □ □ □ □ □
任务展示过程	课堂学习积极性	☺ ☺ ☹ □ □ □	☺ ☺ ☹ □ □ □	☺ ☺ ☹ □ □ □
知识掌握	(1) 咖啡风味的分类	☺ ☺ ☹ □ □ □	☺ ☺ ☹ □ □ □	☺ ☺ ☹ □ □ □
	(2) 咖啡风味特点	☺ ☺ ☹ □ □ □	☺ ☺ ☹ □ □ □	☺ ☺ ☹ □ □ □
	(3) 咖啡风味解说	☺ ☺ ☹ □ □ □	☺ ☺ ☹ □ □ □	☺ ☺ ☹ □ □ □
课后任务拓展	(1) 拓展任务完成情况 (2) 在线课程学习情况	☺ ☺ ☹ □ □ □ □ □ □	☺ ☺ ☹ □ □ □ □ □ □	☺ ☺ ☹ □ □ □ □ □ □
学习态度	积极认真的学习态度	☺ ☺ ☹ □ □ □	☺ ☺ ☹ □ □ □	☺ ☺ ☹ □ □ □
团队精神	(1) 团队协作能力 (2) 解决问题的能力 (3) 创新能力	☺ ☺ ☹ □ □ □ □ □ □ □ □ □	☺ ☺ ☹ □ □ □ □ □ □ □ □ □	☺ ☺ ☹ □ □ □ □ □ □ □ □ □
综合评价	☺ ☺ ☹　　□ □ □			

实训 2　咖啡杯测

【任务目标】

1. 了解咖啡杯测的定义。

2. 掌握咖啡杯测的步骤。

3. 培养对咖啡饮品口感的卓越追求。

咖啡杯测

【任务描述】

同学们在润心饮品研创社团组织的品鉴会上，讨论各类咖啡的口感和风味，那么如何来评价这些咖啡的口感呢？如果让你作为评委进行评判，应该对哪些项目进行评判打分呢？在社团老师的帮助和指导下，同学们认真地进行理论知识的收集、整理和分析，并按照分工积极地做着准备，润心饮品研创社团应该从哪些方面为同学们进行解读呢？

【任务分析】

润心饮品研创社团要学习好咖啡杯测，首先，分组分工搜集相关资料，包括咖啡杯测的定义、步骤以及评分项目。其次，同学们需要将各组搜集到的资料进行整理，并制作PPT、撰写讲课稿等准备进行展示宣讲，邀请参与活动的同学分享自己对"咖啡杯测"的理解和感悟。

【任务实施】

1）什么是咖啡杯测

咖啡杯测法是一种专业的感官评测方法，通过系统的感官训练和标准化的流程，从多个维度评估咖啡的风味属性，评定人被称为"咖啡品鉴师"。咖啡杯测采用标准化烘焙的烘焙豆，通过萃取与品啜方式，并运用嗅觉、味觉与触觉，将咖啡香气、滋味及口感三大抽象感官，诉诸文字并量化为分数，完成咖啡评鉴工作。

2）咖啡杯测的步骤

①称豆磨豆。称取11克粉进行磨豆，研磨度大概是细砂糖粗细。

②闻干香。研磨后，用盖子盖上，尽量在15分钟内闻完干香。

③注水。向各个杯中静静倒入93～94 ℃的热水。粉水比1∶18.18，倒完热水后静置3～5分钟。

④闻湿香，注水后4分钟闻湿香。

⑤破渣、捞渣，用汤匙背面搅动两圈后进行捞渣，每搅拌完一杯，要用开水将汤匙洗净。

⑥开始杯测。闻一闻每一杯咖啡的味道，如果气味是柔和芳香的，则代表是好咖啡；如果有土臭味、药臭味，或者其他异臭的存在，则表示咖啡味道不好。试闻气味时，不要直接把鼻子靠着咖啡液上闻，要从上升的蒸气和香气中闻它的气味。试杯时绝不可将咖啡液喝下，而是要将它含在口中，如果你将它喝下去，不管你再怎么漱口，先前喝下的咖啡味道，都会残留在口腔深处，使你无法正确测试接下来的咖啡。试杯方法是先用汤匙从杯

中舀出咖啡液，再以喝热汤的方式，尽可能发出大一点啜饮声，然后将咖啡液由舌头顶住门牙判断一下它的气味，再让咖啡液在口中绕一圈，咀嚼一下它的味道，将含在口中的咖啡液吐到垃圾篓中，再把汤匙放进事先准备好的温水中清洗：开始下杯的测试。注意，不要只试一杯便武断地下结论，最好能重复测试几次，试试咖啡在热着的时候、变温的时候、冷掉的时候、重新煮沸的时候各有什么味道。

图 5.4　咖啡杯测的步骤

3）咖啡杯测的评分项目

①第一个评分项目：干净度，Clean cup。

干净度是精品咖啡很重要也是必备的条件，所谓干净就是没有缺点与污损的缺陷味道，咖啡有腐败、土味、药碘味、发酵酸、橡胶味、洋葱味、涩感等不好的味道与触觉，都表示不够干净。

②第二个评分项目：甜度，Sweetness。

甜度不仅代表咖啡樱桃都采收在最佳的成熟期，没有掺杂未熟豆，也代表咖啡的品质卓越。只有挑选刚成熟的咖啡樱桃来处理成生豆，才能得到较佳的甜度，甜的种类也很多，例如甘蔗甜，焦糖甜等，这些都是评比时可注明，如果甜中带涩，甜在口腔停留时间很短，则甜度分数都不会太高。

③第三个评分项目：酸质，Acidity。

酸质分为好的酸和不好的酸。好的酸质不会像醋，即使明亮活泼也可测出像柑橘、莓果或是甜柠檬等很多样的酸，也有像哈密瓜的甜酸或是刚成熟苹果的清脆果酸，因此以上这些酸质都是优质的酸；不好的酸就像未熟水果或醋酸，有些不良酸像过熟的水果或带有腐败的味道，这时可以测到发酵酸或是烂果酸。

④第四个评分项目：口感，Mouth feel

口腔触感评分项目不是测味道，它由口腔感受到的物质、触感、油脂感、黏度、质量感等构成，例如牛奶与水，前者的触感比后者高很多；浓汤与清汤，前者的稠度与触感远比后者高。

⑤第五个评分项目：风味，Flavor。

风味是指咖啡拥有怎样的风味，包括各种味道与嗅觉，甚至在鼻腔感受到的香气还有口腔触感等都属于这个评分项目；杯测时，因常常一次测 8 款样品，导致 AROMA 这个项目无法进行即时测，因此在一开始的香气仅用愉悦与不愉悦来标示，但到了风味这个评分项目，杯测者就可以把感受到的香气列入评分项目，包括测到或喝到的各种味道。可以说，啜吸风味是极其重要的一个评分项目，也是杯测咖啡样品特色的一个依据。

⑥第六个评分项目：余韵，Aftertaste。

余韵是指啜吸风味后，仍停留在口腔的各种味道或香气或触感，好的风味停留得久，例如在啜吸吐出咖啡后，若甜感仍清晰地停留在口腔，则本项目得分会高，反之，没有余味，则得分低。

⑦第七个评分项目：均衡度，Balance。

均衡度是指咖啡各个评分项目是否均衡，例如酸虽明亮但仍会转甜？触感虽黏稠但不会涩？咖啡的各种风味和谐，则本项得分会高；当其中一项表现过弱或过于突出时，会因为影响各评分项目的均衡感而得分较低。

⑧第八个评分项目：整体评价，Overall。

整体评价是指杯测评比后的总分、所代表的意义，以及单项分数所代表的标准。咖啡整体而言很优异、吸引你，还是一般，或是你根本不喜欢。这个评分项目是杯测者的整体评估，也可以反映出个人的喜好。

目前各国精品咖啡豆竞赛多采用 COE 和 SCAA 两种评分模式，更有高达 9 个主要咖啡生产国采用 COE 杯测标准作为国家大赛模式。一般将杯测评分在 80 分以上的咖啡定义为精品咖啡。

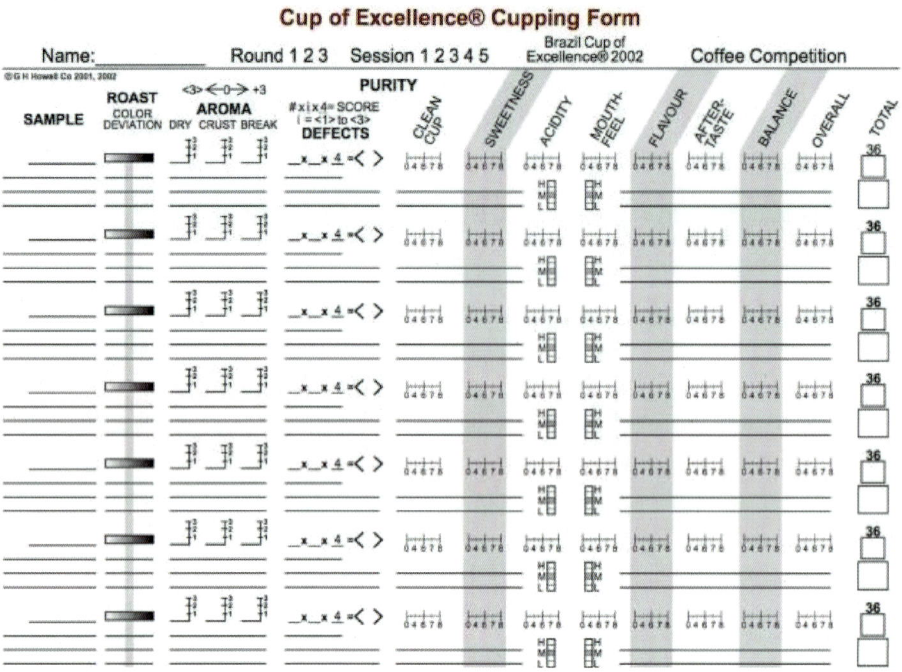

图 5.5　美国精品咖啡协会的杯测表格

►【素质提升】　　　　　　　　　　　神圣的杯测师

　　杯测师作为咖啡品质的守护者与市场推广的桥梁，其职业素养的深厚与否，不仅塑造着个人职业生涯的辉煌，更直接映射出咖啡行业的专业水准与未来发展。他们需具备全方位的专业知识与技能，从咖啡的源起、种类多样性到加工的精细艺术，再到烘焙的微妙变化与品鉴的精准洞察，无一不考验着他们的学识与敏锐。精湛的品鉴能力，让杯测师能够通过多感官的细腻交织，捕捉并解析咖啡中每一丝香气、味道与口感的微妙差异，为咖啡赋予了生命与灵魂。

【任务考核】

1.任务完成

　　以小组为单位完成包括咖啡杯测的定义、步骤、评分项目等相关资料的收集、整理，并以PPT、海报或视频等形式，根据老师的指导，在课堂上进行展示宣讲，分享各组对咖啡杯测的理解和感悟，总结所学内容，模拟作为一个评委进行咖啡杯测。

2.评价与改进

　　以小组为单位，由组长组织，根据表中的要求对各组成员作出相应的评价，并对被评价的同学提出改进建议。

表5.4　咖啡杯测的综合评价表

评价项目	评价内容	个人评价	小组评价	教师评价
任务准备工作	（1）个人任务分工完成情况 （2）个人综合职业素养	☺ 😐 ☹ ☐ ☐ ☐ ☐ ☐ ☐	☺ 😐 ☹ ☐ ☐ ☐ ☐ ☐ ☐	☺ 😐 ☹ ☐ ☐ ☐ ☐ ☐ ☐
任务展示过程	课堂学习积极性	☺ 😐 ☹ ☐ ☐ ☐	☺ 😐 ☹ ☐ ☐ ☐	☺ 😐 ☹ ☐ ☐ ☐
知识掌握	（1）咖啡风味的分类	☺ 😐 ☹ ☐ ☐ ☐	☺ 😐 ☹ ☐ ☐ ☐	☺ 😐 ☹ ☐ ☐ ☐
	（2）咖啡杯测定义、步骤	☺ 😐 ☹ ☐ ☐ ☐	☺ 😐 ☹ ☐ ☐ ☐	☺ 😐 ☹ ☐ ☐ ☐
	（3）咖啡杯测的项目	☺ 😐 ☹ ☐ ☐ ☐	☺ 😐 ☹ ☐ ☐ ☐	☺ 😐 ☹ ☐ ☐ ☐
课后任务拓展	（1）拓展任务完成情况 （2）在线课程学习情况	☺ 😐 ☹ ☐ ☐ ☐ ☐	☺ 😐 ☹ ☐ ☐ ☐ ☐	☺ 😐 ☹ ☐ ☐ ☐ ☐
学习态度	积极认真的学习态度	☺ 😐 ☹ ☐ ☐ ☐	☺ 😐 ☹ ☐ ☐ ☐	☺ 😐 ☹ ☐ ☐ ☐
团队精神	（1）团队协作能力 （2）解决问题的能力 （3）创新能力	☺ 😐 ☹ ☐ ☐ ☐ ☐ ☐ ☐ ☐ ☐ ☐	☺ 😐 ☹ ☐ ☐ ☐ ☐ ☐ ☐ ☐ ☐ ☐	☺ 😐 ☹ ☐ ☐ ☐ ☐ ☐ ☐ ☐ ☐ ☐
综合评价	☺ 😐 ☹ ☐ ☐ ☐			

项目 6

世界著名单一产地
咖啡豆介绍

【导读】

当"风味地图"成为全球咖啡爱好者的新罗盘，单一产地咖啡正以"可饮用的风土"席卷市场——每一杯都封存着纬度、海拔、土壤与微气候的密码。本项目带领学生踏上牙买加蓝山、埃塞俄比亚耶加雪菲、中国云南等六大产区风味之旅，领略不同产区咖啡豆的别样风味特征。

【项目背景】

咖啡作为全球最受欢迎的饮品之一，其风味特点深受产地、气候、土壤、种植技术及加工方式等多种因素的影响。每个咖啡产地都因其独特的自然环境和社会条件，孕育出了各具特色的咖啡风味。这种多样性和独特性不仅丰富了咖啡市场，也为咖啡爱好者提供了丰富的选择。

随着消费者对咖啡品质要求的提高，单一产地咖啡逐渐兴起。这种咖啡强调其产地特色和风味特点，本项目旨在让消费者能够直接体验到来自不同产地的独特风味。单一产地咖啡的兴起，不仅推动了咖啡产业的精细化发展，也促进了全球咖啡文化的交流与传播。

【项目目标】

1.定义解读：明确各产区精品咖啡豆的相关概念。

2.标准学习：深入解析精品咖啡豆的产地特点、生长环境及特性、风味特点等。

3.过程体验：通过观察、筛选、品鉴等训练，提升同学们对精品咖啡豆的筛选能力与鉴别技巧。

4.文化感知：激发同学们对不同产地咖啡豆的风味特点的热爱与尊重，提升对各国咖啡产区的文化认同。

5.技能提升：鼓励同学们在了解牙买加蓝山咖啡豆的相关知识的基础上，利用互联网查询、了解更多世界单一产地咖啡的生产过程及文化意义。

【学习建议】

1.文献研究：查阅相关书籍、期刊文章和学术论文，了解世界单一产地咖啡。

2.实地考察：参观咖啡种植园、咖啡加工厂和咖啡馆等场所，亲身体验咖啡的生产过程和消费文化。

3.网络学习：利用网络资源如各类在线精品课程、视频教程和国际咖啡组织、世界咖啡研究所等官方网站，了解咖啡行业的最新动态和趋势。

任务1 牙买加蓝山

【任务目标】

1.能简述牙买加蓝山咖啡的定义。

2.了解牙买加蓝山咖啡的特点。

3.激发对世界文化多样性的兴趣和尊重，培养开放包容的心态。

牙买加蓝山

【任务描述】

润心饮品研创社团的同学们为筹备世界著名单一产地咖啡的系列宣传活动，做了充分准备，他们搜集相关资料，请教社团老师，在老师的指导下，分组分工全面深入地了解牙买加蓝山咖啡的品种特性、产地环境、生长条件、加工过程、风味特点以及市场地位等关键信息，以便更好地为同学们进行宣传介绍。

【任务分析】

研究世界著名单一产地咖啡的风味特点，不仅有助于提升消费者对咖啡品质的认知和鉴赏能力，也有助于推动咖啡产业的精细化发展。首先，社团同学们需要深入了解蓝山咖啡产地的自然环境和社会条件对咖啡风味的影响。其次，同学们需要将各组搜集到的资料进行整理，并以PPT、海报或视频等形式进行展示宣讲，邀请参与活动的同学分享自己对牙买加蓝山咖啡的认知。

【任务实施】

1）牙买加蓝山咖啡的定义

牙买加蓝色咖啡通常指的是牙买加蓝山咖啡（Jamaican Blue Mountain Coffee），这是一种生长在牙买加蓝山地区的高级咖啡。蓝山咖啡因其独特的口感、香气和品质而闻名于世，被认为是世界上最高档的咖啡之一。

图6.1　牙买加蓝山

2）牙买加蓝山咖啡的特点

（1）牙买加蓝山咖啡的地理环境

①地理位置：牙买加蓝山咖啡产自牙买加岛的东部，这是一个环绕着加勒比海的山地区域。蓝山山脉是牙买加的最高点，其中蓝山峰海拔2 256米，为牙买加的最高峰。

②气候条件：蓝山地区拥有热带雨林气候，适合咖啡树的生长。这里的气候潮湿，全年多雾多雨，平均降水量为1 980毫米，温度约为27 ℃。这样的气候条件为咖啡树的生长提供了充足的水分和适宜的温度，有助于咖啡豆积累丰富的风味和香气。

③土壤条件：蓝山地区的土壤是由火山物质形成的，具有较好的排水性和富含氮气、钾元素等特点，为咖啡植株提供了理想的营养环境。这样的土壤条件有利于咖啡树的生长和咖啡豆品质的提升。

④海拔：蓝山咖啡种植区域的海拔一般在910~1 740米，不同海拔对咖啡豆的风味有着不同的影响。随着海拔的升高，气温下降，咖啡豆成熟得更慢，从而积累了更浓郁、更复杂的风味。

（2）牙买加蓝山咖啡的特性

①品质与风味：牙买加蓝山咖啡豆具有非常规整的形状和淡蓝色的颜色，外观上没有瑕疵。蓝山咖啡豆具有浓郁的果味和香气，同时带有一些花香和柑橘味。这种咖啡豆的口感醇厚，带有一些苦味和甜味，非常适合制作浓郁的咖啡饮品。此外，牙买加蓝山咖啡豆还具有一定的抗氧化性和医疗保健价值，被认为是一种营养丰富的咖啡豆。

②平衡的口感：真正的牙买加蓝山咖啡通常是无奶无糖的，其味道特征是甘、酸、苦三味的过渡自然，回甘饱满，液体醇厚。这种咖啡的特色在于其味道的平衡，经过百味后才能得到这种平衡的美妙体验。

③产量稀少：牙买加蓝山咖啡的产量非常低，每年的总产量有限，这使得其价格相对较高。只有少数对咖啡有极致追求的人才能认准真正的牙买加蓝山咖啡并为其买单，是咖啡爱好者追求的高端产品，同时也是咖啡业界公认的珍品。

图6.2 牙买加蓝山咖啡

（3）牙买加蓝山咖啡的生产过程

①采摘过程：采摘是影响咖啡豆品质和口感的重要环节。蓝山咖啡豆采摘需要手工进行，每颗果实都需要仔细挑选和处理，以保证果实的完整性和品质。采摘时间应该选择在咖啡果实熟透时进行，此时果实表面呈现出深蓝色，果肉透明柔软，内含两枚咖啡豆。

②发酵处理：采摘后的果实需要进行脱皮和发酵处理。蓝山咖啡豆的脱皮过程需要将果实放入水池中进行浸泡和轻轻搓揉，使果实外皮脱落，露出咖啡豆。发酵过程需要将咖啡豆放入水中进行浸泡，使咖啡豆表面产生微生物发酵，使其去除残余果肉和液体，同时还能增加咖啡豆的感官特征。

③烘焙过程：烘焙是咖啡豆最后一个重要的环节。烘焙的程度会影响咖啡豆的味道、

香气和口感。对于蓝山咖啡豆的烘焙，需要根据其品种和特点进行不同程度的处理。一般来说，蓝山咖啡豆烘焙的温度较低，时间较长，以保留其独特的鲜明风味。

④保存过程：咖啡豆采摘、烘焙后需要进行保存，以保证其品质和口感。一般来说，咖啡豆可以保存3~6个月时间，但最好在一个月内使用完毕。

3）牙买加蓝山咖啡的文化意义

牙买加蓝山咖啡不仅是该国最著名的特产，也是全球顶级的咖啡之一。牙买加蓝山咖啡在全球范围内享有极高的声誉和市场地位，其优质的品质和独特的风味使其成为高端咖啡市场上的瑰宝。

▶【素质提升】　　　　　品味蓝山，领悟可持续之道

牙买加蓝山咖啡不仅是一杯香醇的饮品，更是牙买加咖啡文化的精髓，是人与自然和谐共生的生动写照。蓝山咖啡是牙买加最具经验的咖啡种植者，以高超的技艺和无尽的耐心，精心培育出的瑰宝。这些种植者，如同艺术家一般，对每一颗咖啡豆都倾注了满腔热情与关怀，使得蓝山咖啡成为世界咖啡版图上的璀璨明珠。牙买加农业商品管理局以其严格的质量保证标准，为蓝山咖啡的出口品质筑起了一道坚实的防线。这一标准，如同筛网般，将每一粒不够完美的咖啡豆剔除在外，确保只有最优质的豆子能够跨越重洋，走向世界。牙买加咖啡生产商在追求品质的同时，更将可持续发展的理念深植于心。牙买加蓝山咖啡还荣获了雨林联盟认证。它证明了牙买加的咖农在追求社会和谐、经济发展与环境保护三大支柱的平衡上取得了显著成效。雨林联盟认证的存在，不仅为蓝山咖啡增添了一抹亮丽的绿色光环，更为全球咖啡产业树立了可持续发展的典范。

【任务考核】

1.任务完成

以小组为单位完成牙买加蓝山咖啡的资料收集、整理，并以PPT、海报或视频等形式，根据老师的指导，在课堂上进行展示宣讲，分享各组对蓝山咖啡及其独特的风味和高品质的理解和感悟，总结所学内容，并反思蓝山咖啡对现代社会咖啡产业快速发展的启示和意义。

2.评价与改进

以小组为单位，由组长组织，根据表中的要求对各组成员作出相应的评价，并对被评价的同学提出改进建议。

表6.1　牙买加蓝山咖啡综合评价表

评价项目	评价内容	个人评价	小组评价	教师评价
任务准备工作	（1）个人任务分工完成情况 （2）个人综合职业素养	☺ 😐 ☹ □ □ □ □ □ □	☺ 😐 ☹ □ □ □ □ □ □	☺ 😐 ☹ □ □ □ □ □ □
任务展示过程	课堂学习积极性	☺ 😐 ☹ □ □ □	☺ 😐 ☹ □ □ □	☺ 😐 ☹ □ □ □
知识掌握	（1）牙买加蓝山咖啡的概念	☺ 😐 ☹ □ □ □	☺ 😐 ☹ □ □ □	☺ 😐 ☹ □ □ □
	（2）牙买加蓝山咖啡的特点	强 中 弱 □ □ □	强 中 弱 □ □ □	强 中 弱 □ □ □
	（3）牙买加蓝山咖啡的生产过程	强 中 弱 □ □ □	强 中 弱 □ □ □	强 中 弱 □ □ □
课后任务拓展	（1）拓展任务完成情况 （2）在线课程学习情况	☺ 😐 ☹ □ □ □ □ □ □	☺ 😐 ☹ □ □ □ □ □ □	☺ 😐 ☹ □ □ □ □ □ □
学习态度	积极认真的学习态度	强 中 弱 □ □ □	强 中 弱 □ □ □	强 中 弱 □ □ □
团队精神	（1）团队协作能力 （2）解决问题的能力 （3）创新能力	☺ 😐 ☹ □ □ □ □ □ □ □ □ □	☺ 😐 ☹ □ □ □ □ □ □ □ □ □	☺ 😐 ☹ □ □ □ □ □ □ □ □ □
综合评价		☺ 😐 ☹ □ □ □		

任务2　巴拿马瑰夏

巴拿马瑰夏

【任务目标】

1.能简述巴拿马瑰夏咖啡的定义。

2.了解巴拿马瑰夏咖啡的特点。

3.激发对世界文化多样性的兴趣和尊重，培养开放包容的心态。

【任务描述】

润心饮品研创社团的同学们为筹备世界著名单一产地咖啡的系列宣传活动，做了充分准备，他们搜集相关资料，请教社团老师，在老师的指导下，分组分工全面深入地了解巴拿马瑰夏咖啡的历史背景、种植条件、风味特点、品鉴技巧以及市场价值等方面内容，以便更好地为同学们进行宣传介绍。

【任务分析】

首先，社团同学在准备过程中需要了解巴拿马瑰夏咖啡的起源、传播历程及在巴拿马的成名之路。学习瑰夏咖啡如何从埃塞俄比亚引入，并在巴拿马翡翠庄园等地发扬光大，最终成为世界顶级咖啡品种之一。其次，同学们需要将各组搜集到的资料进行整理，并以PPT、海报或视频等形式进行展示宣讲，邀请参与活动的同学分享自己对巴拿马瑰夏咖啡的理解和感悟。

【任务实施】

1）巴拿马瑰夏咖啡的定义

瑰夏咖啡（Geisha Coffee）是一种备受世界瞩目的咖啡豆品种，因源自埃塞俄比亚西南部的瑰夏山而得名。瑰夏咖啡在2004年后的巴拿马精品咖啡比赛中一举夺冠，从而声名大噪，并成为世界精品咖啡的新贵。

图6.3　埃塞俄比亚西南部的瑰夏山

2）巴拿马瑰夏咖啡的特点

（1）巴拿马瑰夏咖啡的地理环境

①地理位置：中美洲北部，与南美洲的厄瓜多尔接壤。地理环境位于波奎特地区，北临加勒比海，南朝太平洋。通常在海拔1 700~2 100米的地方。瑰夏咖啡树在巴拿马的高海拔地区种植。

②气候条件：气候环境年平均气温在16~25 ℃，平均降水量大概在3 500毫米。特殊的冷空气流经中央山脉，造就多种特有咖啡的种植。

③土壤条件：主要为火山土壤，富含营养，肥沃丰厚，为咖啡植株提供了理想的营养环境。这样的肥沃的土壤、高耸的地形以及优质火山土壤，有利于咖啡树的生长和咖啡豆品质的提升。

（2）巴拿马瑰夏咖啡的品质风味

①品质价值：由于巴拿马瑰夏咖啡产量非常有限，因此价格非常昂贵。它被认为是世界上最好的咖啡之一。在2007年的国际名豆杯测赛中，瑰夏又拿下冠军，竞标价更以每磅130美元成交，创下竞赛豆有史以来最高身价纪录。由于产量极低并要参与竞标，这款豆子可以说是来之不易，是精品咖啡的新王者，其中以巴拿马、危地马拉、哥伦比亚等拉美国家品质比较高。

②品质风味：瑰夏咖啡豆具有非常漂亮的蓝绿色，玉石般的温润质感，闻起来有新鲜的青草香、桃子味、浆果气息和大部分咖啡豆不具备的乌龙茶特有的奶香甜味。烘焙过的熟豆，看上去会有一些"褶皱"，有此"褶皱"的豆子都是为了突出其原味和果酸。

③口感：巴拿马瑰夏咖啡的口感非常浓郁，有着一种丰富的浆果味和花香，同时又有着一种微妙的酸味和苦味。

图6.4　巴拿马瑰夏咖啡

（3）巴拿马瑰夏咖啡的生产过程

①采摘过程：瑰夏咖啡豆通常采用手工采摘的方式，以确保每一颗咖啡豆都在最佳的成熟状态。采摘后的咖啡豆会被迅速处理，以保持其新鲜度。

②咖啡处理：咖啡豆的处理包括清洗、发酵、洗涤和干燥等步骤。首先，采摘的咖啡

樱桃会被清洗，去除杂质。其次，咖啡樱桃会在水中发酵，这个过程有助于去除果肉。再者，发酵完成后的咖啡豆会被洗涤，去除发酵过程中产生的物质。最后，咖啡豆会被晾晒或机械干燥，直到水分含量达到理想的水平。

③分级：干燥后的咖啡豆会被分级，根据大小、重量和外观等因素进行筛选。巴拿马瑰夏咖啡豆通常都会经过严格的分级，以确保每一颗咖啡豆都符合高品质的标准。

④烘焙过程：分级后的咖啡豆会被烘焙，这个过程会进一步增强咖啡豆的风味和香气。烘焙的程度可以根据不同的需求进行调整，以满足不同消费者的口味。

⑤包装和储存：烘焙后的咖啡豆会被包装，并储存在适宜的环境中，以保持其新鲜度和品质。巴拿马瑰夏咖啡通常都会使用专业的包装方法，以防止氧气、光线和湿度对咖啡豆产生影响。

3）巴拿马瑰夏咖啡的文化意义

巴拿马瑰夏咖啡豆因其独特的风味和高品质，受到全球咖啡爱好者的追捧。因此，大部分巴拿马瑰夏咖啡豆都会被出口到世界各地，供人们品尝和享受。巴拿马瑰夏咖啡不仅是味道独特的珍稀咖啡品种，更是承载着丰富历史文化意义的饮品。它代表了巴拿马的骄傲和荣耀，是当地文化和经济发展的重要组成部分。同时，它也促进了世界各地的人们对咖啡文化的了解和欣赏，成为连接不同文化和人群的桥梁。

▶【素质提升】　　　　**瑰夏传奇——勇气、创新与坚持的赞歌**

在咖啡的世界里，瑰夏不仅是一种咖啡豆的名字，更是一段关于勇气、创新与坚持的传奇故事。老塞拉辛先生，这位一生钟爱咖啡种植的先驱者，于1963年做出了一个大胆的决定——将源自非洲埃塞俄比亚的瑰夏咖啡品种引入巴拿马。这一举动，在当时无疑是充满风险的，因为瑰夏咖啡的根系相对较弱，许多人对其能否在巴拿马这片土地上生存并茁壮成长持怀疑态度，包括老塞拉辛先生的儿子塞拉辛。然而，正是这份对未知的好奇与探索的勇气，让老塞拉辛先生迈出了这决定性的一步。他仅以一公斤的种子作为尝试，希望能在巴拿马这片土地上见证瑰夏咖啡的奇迹。面对外界的质疑与不解，他选择用行动来证明一切。在农技师的精心培育下，在种植期间不断地培养与维护中，瑰夏咖啡逐渐适应了巴拿马的水土与环境，展现出其独特的生命力。老塞拉辛先生的这一壮举，不仅为巴拿马乃至全球的咖啡产业带来了新的活力与希望，更成为一段激励人心的佳话。他用自己的实际行动诠释了勇气、创新与坚持的价值，证明了即使面对重重困难与挑战，只要心怀信念、勇于尝试、不懈努力，就一定能够创造出属于自己的奇迹。

【任务考核】

1.任务完成

以小组为单位完成巴拿马瑰夏咖啡的资料收集、整理，并以PPT、海报或视频等形式，根据老师的指导，在课堂上进行展示宣讲，分享各组对巴拿马瑰夏咖啡豆及其独特的风味和高品质的理解和感悟，总结所学内容，并反思巴拿马瑰夏咖啡对现代社会咖啡产业快速发展的启示和意义。

2.评价与改进

以小组为单位，由组长组织，根据表中的要求对各组成员作出相应的评价，并对被评价的同学提出改进建议。

表6.2　巴拿马瑰夏咖啡综合评价表

评价项目	评价内容	个人评价	小组评价	教师评价
任务准备工作	(1) 个人任务分工完成情况 (2) 个人综合职业素养	☺ ☹ ☹ □ □ □ □ □ □	☺ ☹ ☹ □ □ □ □ □ □	☺ ☹ ☹ □ □ □ □ □ □
任务展示过程	课堂学习积极性	☺ ☹ ☹ □ □ □	☺ ☹ ☹ □ □ □	☺ ☹ ☹ □ □ □
知识掌握	(1) 巴拿马瑰夏咖啡的定义	☺ ☹ ☹ □ □ □	☺ ☹ ☹ □ □ □	☺ ☹ ☹ □ □ □
	(2) 巴拿马瑰夏咖啡的特点	强 中 弱 □ □ □	强 中 弱 □ □ □	强 中 弱 □ □ □
	(3) 巴拿马瑰夏咖啡的生产过程	强 中 弱 □ □ □	强 中 弱 □ □ □	强 中 弱 □ □ □
课后任务拓展	(1) 巴拿马瑰夏咖啡的文化意义 (2) 在线课程学习情况	☺ ☹ ☹ □ □ □ □ □ □	☺ ☹ ☹ □ □ □ □ □ □	☺ ☹ ☹ □ □ □ □ □ □
学习态度	积极认真的学习态度	☺ ☹ ☹ □ □ □	☺ ☹ ☹ □ □ □	☺ ☹ ☹ □ □ □
团队精神	(1) 团队协作能力 (2) 解决问题的能力 (3) 创新能力	☺ ☹ ☹ □ □ □ □ □ □ □ □ □	☺ ☹ ☹ □ □ □ □ □ □ □ □ □	☺ ☹ ☹ □ □ □ □ □ □ □ □ □
综合评价	☺ ☹ ☹ □ □ □			

 **任务3 埃塞俄比亚耶加雪啡**

【任务目标】

1. 能简述埃塞俄比亚耶加雪啡的定义。

2. 了解埃塞俄比亚耶加雪啡的特点。

3. 激发对世界文化多样性的兴趣和尊重，培养开放包容的心态。

埃塞俄比亚
耶加雪啡

【任务描述】

润心饮品研创社团的同学们为筹备世界著名单一产地咖啡的系列宣传活动，做了充分准备，他们搜集相关资料，请教社团老师，在老师的指导下，分组分工全面了解埃塞俄比亚耶加雪咖啡（Yirgacheffe Coffee）的相关知识，通过深入研究，提升对耶加雪咖这一世界知名咖啡品种的认知水平，以便更好地为同学们进行宣传介绍。

【任务分析】

首先，社团同学们需要调查整理的资料，包括耶加雪啡起源、产地特色、风味特点、种植与处理方式、市场地位以及品鉴技巧等。了解耶加雪咖的起源地、地理位置、气候条件和土壤类型等对其风味的影响。其次，同学们需要将各组搜集到的资料进行整理，并以PPT、海报或视频等形式进行展示宣讲，邀请参与活动的同学分享自己对耶加雪啡咖啡的理解和感悟。

【任务实施】

1）埃塞俄比亚耶加雪啡的定义

耶加雪啡不仅是一个地理名称，更是高品质咖啡的代名词。它位于埃塞俄比亚，是一个海拔在1 700~2 100米的小镇。这个地区自古以来就是一片湿地，因此"耶加雪啡"在古语中的意思可以解释为"让我们在这里一块湿地安身立命"。耶加雪啡是埃塞俄比亚精品咖啡的代名词，其咖啡豆因其独特的风味和香气而闻名于世。

2）埃塞俄比亚耶加雪啡的特点

（1）耶加雪啡的地理环境

①地理位置：耶加雪啡咖啡产自埃塞俄比亚的西南部，离肯尼亚边界很近。主要产区的海拔在1 500~2 300米。这个地区的海拔非常适合咖啡的生长，并且该地区因受到季风气候的影响，会进一步影响咖啡豆的生长和风味。

②气候条件：耶加雪啡地区的气候温和，年降雨量充沛，是咖啡生长的理想环境。这

里的气候特点是雨季和旱季区别明显，这种季节性的变化对咖啡豆的生长和风味有着重要影响。

③土壤条件：埃塞俄比亚的土壤类型多样，多为火山土，酸性土壤有助于为咖啡产生更多的酸性。另外这些土壤富含矿物质，有利于咖啡树的生长和咖啡豆品质的提高。

（2）耶加雪咖啡的品质风味

①品质价值：耶加雪啡咖啡的品质卓越，得益于其得天独厚的自然条件。山间小村雾气弥漫，四季如春，为咖啡树提供了理想的生长环境。这里的咖啡豆经过精心采摘和处理，无论是水洗还是日晒，都能展现出其独特的风味。水洗耶加雪啡咖啡豆，以其清新的果香和花香、细腻的口感而著称；日晒耶加雪啡咖啡豆，则以其浓郁的果香和醇厚的口感，赢得了众多咖啡爱好者的青睐。

②品质风味：耶加雪啡咖啡的风味独特且丰富多变。其口感清新明亮，带有柔和的酸味，同时伴随着浓郁的茉莉花香、柠檬香，以及桃子、杏仁的甜香和茶香。这些风味交织在一起，构成了耶加雪啡咖啡独有的"地域之味"。

③口感：耶加雪啡咖啡还具有细致的醇厚度，犹如丝绸在嘴里按摩，触感奇妙。

图6.5　埃塞俄比亚耶加雪啡咖啡

（3）耶加雪啡的生产过程

①采摘水洗：耶加雪啡咖啡的收获季节主要集中在每年的11月至次年的1月。收获后的咖啡果实经过水洗过程，即通过发酵和清洗去除果皮和果肉，得到咖啡豆。水洗法得到的咖啡豆具有清新的口感。

②日晒处理：除了水洗法，耶加雪啡地区还采用日晒法处理咖啡豆。这种方法是将咖啡果实直接暴露在阳光下晾干，直至果皮和果肉自然脱落，露出咖啡豆。日晒法得到的咖啡豆具有独特的风味和较浓的果香。

③烘焙过程：耶加雪啡咖啡的烘焙技巧对于口感和香气的形成至关重要。浅烘焙能够更好地展现出耶加雪啡咖啡的花香和茶香味道；中度烘焙则能够呈现出咖啡的酸度和甜度；深度烘焙则能够产生更加浓烈的苦味和焦香。

④包装和储存：为了保持咖啡的品质，耶加雪啡咖啡豆需要妥善包装和储存。通常情况下，咖啡豆会被存放在干燥、避光、密封的容器中，避免受潮和光照影响。

3）耶加雪啡的文化意义

埃塞俄比亚的耶加雪啡不仅是一种高品质的咖啡，更是一种深深植根于当地文化中的精神象征。它代表了埃塞俄比亚人对咖啡的热爱和尊重，同时也是该国社会经济发展的重要组成部分。耶加雪啡的文化意义在于它连接了过去与现在，将传统与现代相结合，展现了埃塞俄比亚丰富多彩的文化面貌。

▶【素质提升】　　耶加雪啡咖啡——东非咖啡的璀璨明珠

耶加雪啡咖啡树多半栽在农民自家后院或与农田其他作物混种，每户产量不多，是典型的田园咖啡。这里的咖啡生产方式传统而独特，注重品质而非产量。在加工过程中，无论是水洗还是日晒处理，都严格遵循当地的标准和习惯，确保每一颗咖啡豆都能保持其最佳风味。

耶加雪啡咖啡不仅仅是一种饮品，更是一种文化的传承和生态的保护。通过品鉴耶加雪啡咖啡，我们可以更加深入地了解埃塞俄比亚的咖啡文化和种植传统，感受到人与自然和谐共生的美好愿景。同时，我们也可以从中汲取力量，勇敢地面对生活中的挑战和困难，不断追求卓越和完美。

【任务考核】

1.任务完成

以小组为单位完成耶加雪啡的资料收集、整理，并以PPT、海报或视频等形式，根据老师的指导，在课堂上进行展示宣讲，分享各组对埃塞俄比亚耶加雪啡及其独特的风味和高品质的理解和感悟，总结所学内容，并反思埃塞俄比亚耶加雪啡对现代社会咖啡产业快速发展的启示和意义。

2.评价与改进

以小组为单位，由组长组织，根据表中的要求对各组成员作出相应的评价，并对被评价的同学提出改进建议。

表6.3 埃塞俄比亚耶加雪啡综合评价表

评价项目	评价内容	个人评价	小组评价	教师评价
任务准备工作	(1) 个人任务分工完成情况 (2) 个人综合职业素养	☺ ☺ ☹ □ □ □ □ □ □	☺ ☺ ☹ □ □ □ □ □ □	☺ ☺ ☹ □ □ □ □ □ □
任务展示过程	课堂学习积极性	☺ ☺ ☹ □ □ □	☺ ☺ ☹ □ □ □	☺ ☺ ☹ □ □ □
知识掌握	(1) 耶加雪啡的定义	☺ ☺ ☹ □ □ □	☺ ☺ ☹ □ □ □	☺ ☺ ☹ □ □ □
	(2) 耶加雪啡的特点	强 中 弱 □ □ □	强 中 弱 □ □ □	强 中 弱 □ □ □
	(3) 耶加雪啡的生产过程	强 中 弱 □ □ □	强 中 弱 □ □ □	强 中 弱 □ □ □
课后任务拓展	(1) 耶加雪啡的文化意义 (2) 在线课程学习情况	☺ ☺ ☹ □ □ □ □ □ □	☺ ☺ ☹ □ □ □ □ □ □	☺ ☺ ☹ □ □ □ □ □ □
学习态度	积极认真的学习态度	☺ ☺ ☹ □ □ □	☺ ☺ ☹ □ □ □	☺ ☺ ☹ □ □ □
团队精神	(1) 团队协作能力 (2) 解决问题的能力 (3) 创新能力	☺ ☺ ☹ □ □ □ □ □ □ □ □ □	☺ ☺ ☹ □ □ □ □ □ □ □ □ □	☺ ☺ ☹ □ □ □ □ □ □ □ □ □
综合评价		☺ ☺ ☹ □ □ □		

任务4 也门摩卡咖啡

【任务目标】

1. 能简述也门摩卡咖啡的定义。

2. 了解也门摩卡咖啡的特点。

3. 激发对世界文化多样性的兴趣和尊重，培养开放包容的心态。

也门摩卡咖啡

【任务描述】

润心饮品研创社团同学为筹备世界著名单一产地咖啡的系列宣传活动，做了充分准备，他们搜集相关资料，请教社团老师，在老师的指导下，分组分工深入探究也门摩卡咖啡的独特特征，包括其历史背景、产地特色、风味特点、种植与处理方式以及市场地位等方面。通过全面分析，加深对也门摩卡咖啡这一古老而珍贵的咖啡品种的理解，以便更好地为同学们进行宣传介绍，为咖啡爱好者提供有价值的参考信息。

【任务分析】

首先，社团同学们需要了解也门摩卡咖啡的起源、发展历程及其在全球咖啡史上的重要地位。追溯也门摩卡咖啡的悠久历史，包括其作为世界上最早进行咖啡商业化生产的地区之一，以及摩卡港作为咖啡贸易中心的历史地位。其次，同学们需要将各组搜集到的资料进行整理，查阅历史文献、专业书籍及权威网站，获取准确的历史信息，并以PPT、海报或视频等形式进行展示宣讲，邀请参与活动的同学分享自己对也门摩卡咖啡的理解和感悟。

【任务实施】

1）也门摩卡咖啡的定义

也门摩卡咖啡（Yemeni Mocha Coffee）的名字来源于也门的摩卡港，在咖啡的历史上占有重要地位，是世界上最古老的咖啡之一。也门是世界上第一个将咖啡作为农作物进行大规模生产的国家，至今仍保持着500多年前的传统生产方式。

2）也门摩卡咖啡的特点

（1）也门摩卡咖啡的地理环境

①地理位置：也门共和国位于阿拉伯半岛的南端，北纬12°~20°，东经41°~54°。该国北部与沙特接壤，南濒阿拉伯海和亚丁湾，东邻阿曼，西隔曼德海峡与非洲大陆的埃塞俄比亚、索马里、吉布提等国家相望。也门西南部的高地拥有种植咖啡豆的理想气候和土壤条件，丰富的降水和充足的阳光为咖啡树提供了茁壮成长的环境。而海拔的差异赋予了摩卡咖啡豆独特的风味，生长在海拔三千至八千英尺陡峭的山侧地带，使其具有丰富的层次感和复杂度。

②气候条件：也门西南部的高地拥有种植咖啡豆的理想气候和土壤条件。丰富的降水和充足的阳光为咖啡树提供了茁壮成长的环境。海拔的差异则赋予了摩卡咖啡豆独特的风味，使其具有丰富的层次感和复杂度。

③土壤条件：也门摩卡咖啡的生长环境要求特殊的土壤条件。据搜索结果，也门摩卡

咖啡来自也门的一个叫作摩卡的小村庄。那里的气候温暖潮湿，土壤富含咖啡所需成分，非常适合咖啡的生长。

（2）也门摩卡咖啡的品质风味

①品质风味：也门摩卡咖啡豆是一种非常独特的高品质咖啡豆，它精选手摘，品质卓越，酸度强烈，口感纯净，适宜于口感重的人群。从购买角度来看，建议选择精选生豆，适当烘焙，以保证咖啡豆的品质和风味。如果想要品味一下不一样的口感、香味，那么也门摩卡咖啡豆是一种不可错过的选择。

②口感：也门摩卡咖啡以其浓郁而丰富的口感而闻名于世。它既有来自阿拉比卡豆清新芬芳和醇厚绵长的特点，又有巧克力香气和甜味作为补充。喝下第一口也门摩卡咖啡，你会感受到咖啡的醇厚和巧克力的甜美在口腔中交织。这种独特的组合使得品鉴摩卡咖啡成为一种令人愉悦且难以忘怀的味觉体验。

图6.6　也门摩卡咖啡

（3）也门摩卡咖啡的生产过程

①种植采摘：当地农民在山坡上开辟出肥沃的梯田。直到今天，这些地区种植咖啡的方式仍和几百年前一样，完全凭借人工劳作，绝不使用化肥和农药，靠着阳光、雨水和特有的土壤种植出纯天然的摩卡咖啡。摩卡咖啡的采摘和加工也完全由手工完成。

②加工处理：咖啡豆的初步加工使用干燥法，在阳光下自然风干。这种方法最原始，也最简单，不使用任何机械设备，也不经过清洗，所以有时候也门咖啡豆中会有少量的沙粒和小石子。摩卡咖啡烤制过程完全由手工完成，火候取决于经验和感觉。

③烘焙过程：从种植、采摘到烤制，每一道工序都用最古老的方式完成。尽管这样烤制出的咖啡豆颜色不一，但正是这种夹杂着粗犷和野性味道的芳香，造就了独一无二的摩卡咖啡。

3）也门摩卡咖啡的文化意义

作为也门的文化符号，摩卡咖啡不仅仅是一种饮品，更是一种文化和历史的体现。在也门，这种咖啡被视为国宝，是咖啡爱好者和游客的热门选择。品尝一杯正宗的也门摩卡咖啡是对也门文化的一种深刻体验。

▶【素质提升】　　　　　古老的咖啡之美——也门咖啡

在这片古老而神秘的土地上，咖啡园成为人与自然和谐共生的典范。没有现代机械的轰鸣，只有咖农们勤劳的双手和对自然的敬畏之心。他们遵循着古老而纯粹的方式，进行100%全天然的选择性采伐和干燥处理，每一颗咖啡豆都蕴含着他们的汗水与情感，是对咖啡这一神圣事业的最高致敬。

"你像关心孩子那样对待咖啡"，这句谚语在也门咖农中广为流传，它不仅仅是一句简单的话语，更是咖农们生活态度和职业精神的真实写照。他们用心呵护每一株咖啡树，用爱培育每一颗咖啡豆，将这份对咖啡的深情厚谊融入每一个细节。

高海拔的山坡上，云雾缭绕，仿佛为咖啡树披上了一层神秘的面纱。这里的气候条件得天独厚，为咖啡树的生长提供了最适宜的环境。咖农们将这份自然的馈赠视为家族的荣耀与遗产，世代相传，精心培育。他们利用古老而有效的方法，如特殊环境培育、生态控虫、有机肥料等，确保咖啡树在健康、无污染的环境中茁壮成长。这些看似简单却蕴含智慧的方法，不仅保证了咖啡的品质与口感，更体现了咖农们对环境的深切关怀与可持续发展理念的践行。

【任务考核】

1.任务完成

以小组为单位完成也门摩卡咖啡的资料收集、整理，并以PPT、海报或视频等形式，根据老师的指导，在课堂上进行展示宣讲，分享各组对也门摩卡咖啡及其独特的风味和高品质的理解和感悟，总结所学内容，并反思也门摩卡咖啡对现代社会咖啡产业快速发展的启示和意义。

2.评价与改进

以小组为单位，由组长组织，根据表中的要求对各组成员作出相应的评价，并对被评价的同学提出改进建议。

表 6.4　也门摩卡咖啡综合评价表

评价项目	评价内容	个人评价	小组评价	教师评价
任务准备工作	（1）个人任务分工完成情况 （2）个人综合职业素养	☺ ☺ ☹ □ □ □ □ □ □	☺ ☺ ☹ □ □ □ □ □ □	☺ ☺ ☹ □ □ □ □ □ □
任务展示过程	课堂学习积极性	☺ ☺ ☹ □ □ □	☺ ☺ ☹ □ □ □	☺ ☺ ☹ □ □ □
知识掌握	（1）也门摩卡咖啡的定义	☺ ☺ ☹ □ □ □	☺ ☺ ☹ □ □ □	☺ ☺ ☹ □ □ □
	（2）也门摩卡咖啡的特点	强 中 弱 □ □ □	强 中 弱 □ □ □	强 中 弱 □ □ □
	（3）也门摩卡咖啡的生产过程	强 中 弱 □ □ □	强 中 弱 □ □ □	强 中 弱 □ □ □
课后任务拓展	（1）也门摩卡咖啡的文化意义 （2）在线课程学习情况	☺ ☺ ☹ □ □ □ □ □ □	☺ ☺ ☹ □ □ □ □ □ □	☺ ☺ ☹ □ □ □ □ □ □
学习态度	积极认真的学习态度	☺ ☺ ☹ □ □ □	☺ ☺ ☹ □ □ □	☺ ☺ ☹ □ □ □
团队精神	（1）团队协作能力 （2）解决问题的能力 （3）创新能力	☺ ☺ ☹ □ □ □ □ □ □ □ □ □	☺ ☺ ☹ □ □ □ □ □ □ □ □ □	☺ ☺ ☹ □ □ □ □ □ □ □ □ □
综合评价		☺ ☺ ☹ □ □ □		

任务5　中国云南咖啡

【任务目标】

1.能简述中国云南咖啡的定义。

2.了解中国云南咖啡的特点。

3.激发对世界文化多样性的兴趣和尊重，培养开放包容的心态。

中国云南
咖啡

【任务描述】

润心饮品研创社团同学为筹备世界著名单一产地咖啡的系列宣传活动，做了充分准备，他们搜集相关资料，请教社团老师，在老师的指导下，分组分工深入探究中国云南咖啡产业，云南咖啡种植面积和产量均居全国首位，是中国咖啡产业的重要区域。为了更好地为同学们进行宣传介绍，为咖啡爱好者提供有价值的咖啡文化参考信息，社团同学需要做哪些准备呢？

【任务分析】

首先，社团同学们需要搜集中国云南咖啡的相关资料，包括但不限于中国云南咖啡的特点、品质风味、生产过程等。其次，同学们需要将各组搜集到的资料进行整理，查阅历史文献、专业书籍及权威网站，获取准确的历史信息，并以PPT、海报或视频等形式进行展示宣讲，邀请参与活动的同学分享自己对中国云南咖啡的理解和感悟。

【任务实施】

1）中国云南咖啡的定义

中国云南咖啡历史可以追溯到1892年，当时一位法国传教士从境外将咖啡种带进云南，并在云南省宾川县的一个山谷里种植成功。经过近70年的发展，云南已经成为中国最大的咖啡种植地、贸易集散地和出口地。中国云南咖啡以其独特的自然条件和优良的品种，在中国乃至全球的咖啡产业中占有重要地位。

2）中国云南咖啡的特点

（1）云南咖啡的地理环境

①地理位置：云南的咖啡种植区大多位于海拔1 000~2 000米的山区和坡地，这样的地形不仅为咖啡树的生长提供了遮阴，同时也保证了咖啡豆的质量。咖啡种植对环境的要求极高，只能在热带和亚热带地区生长，且对降雨量、土壤条件和光照条件都有特定的要求。云南地区属于亚热带季风气候，环境优越，光照充足，土壤肥沃，因此成为大型咖啡生产基地。

②气候条件：云南咖啡种植区域的年降雨量一般在1 000~1 800毫米，适宜的降雨量在1 250毫米以上，且分布均匀。云南南部的光照时间长，有利于植株的生长及光合作用。同时，昼夜温差大，晚上温度低，有利于咖啡养分的积累。小粒种咖啡需要较温凉的气候，年平均温度应在19~21 ℃。月平均温度降至12.7 ℃时，植株生长缓慢。云南小粒咖啡所含的有效营养成分高于国外的其他咖啡品种。

③土壤条件：云南的土壤条件非常适合咖啡树的生长。其土壤类型多样，以红壤和黄壤为主，呈弱酸性，具有深厚的土层和良好的排水性能。同时，土壤中丰富的有机质保证

了良好的肥力。这些条件共同作用，为中国云南的咖啡种植提供了得天独厚的自然优势。

（2）中国云南咖啡的品质风味

①品质价值：云南咖啡产业经过多年来的发展，已经形成了完整的产业链。种植面积、产量、农业产值均占全国的98%以上。随着消费者对咖啡品质的追求日益提升，高品质、特色化咖啡将成为市场主流。云南咖啡等国产咖啡豆的特色风味的开发将是重要方向。产业链整合与品牌建设、数字化与智能化技术的应用以及可持续发展的实践都是提升国内咖啡产业竞争力的关键。

②品质风味：中国云南咖啡以其独特的品质风味、多样的品种和精品化产业化发展趋势，在中国乃至世界舞台上占有一席之地。云南咖啡豆具有独特的味道和香气，这主要归功于其生长环境。云南的土壤中富含矿物质，同时气候多变，这些因素都影响着咖啡豆的品质。

③口感：云南咖啡豆以其独特的口感和品质著称。其酸度较高，但由于生长环境和处理方法，口感较酸，这些酸性成分可以让咖啡更加清新、有条理，并让人感觉更为清爽。云南咖啡豆的显著特点是其拥有丰富的甜味，这种甜味感觉像是葡萄糖或糖浆的味道。此外，相对于其他咖啡豆来说，云南咖啡豆的苦味较低，这使得这种特殊咖啡更加平易近人。

图6.7　中国云南咖啡

（3）中国云南咖啡的生产过程

①采摘水洗：云南咖啡豆采用传统的手工摘取方法。摘下的果实会被立即清洗，去除果肉和果皮，然后进行晾晒和烘烤。晾晒的目的是去除杂质和水分，同时使咖啡豆表面更加干燥。烘烤的目的是将果肉和果皮烤熟，并使咖啡豆内部易于提取。

②加工处理：每一个环节都进行数据追踪，以便生产的不同口感的咖啡豆都能再次复制。一般会进行水洗处理，清洗浮选之后直接脱壳，然后发酵之后就把它洗干净，直接上架晾晒。

③烘焙过程：浅度烘焙的烘焙时间较短，温度也比较低，整个烘焙过程中咖啡豆表面上只有一层轻微的焦炭；中度烘焙是一种非常流行的烘焙方式，可以让咖啡豆达到一种黄褐色的颜色，同时也带有一些焦炭的味道；深度烘焙的烘焙时间更长，同时温度也更高，

烘焙至咖啡豆的烤焦表面，整个炭化过程会释放出烟熏和令人沉醉的香味。

④包装和储存：正确的包装和存储方法是保持云南咖啡豆口感和香气的关键。通过选择合适的储存容器、控制适宜的温度和湿度、注意保鲜期以及妥善处理研磨后的咖啡粉，我们可以最大程度地延长咖啡豆的新鲜度，享受更加香醇的咖啡体验。

3）中国云南咖啡的文化意义

云南咖啡不仅是一种饮品，更是承载着丰富的历史文化意义的象征，是云南地区特有的文化遗产之一。云南咖啡文化体现了人与自然和谐共生的关系，展现了云南人民对高品质生活的追求和对传统文化的尊重。未来，云南咖啡将在保持其独特风味的基础上，不断创新和发展，为中国乃至世界咖啡文化贡献更多的精彩。

► **【素质提升】**　　　　　**云南咖啡的涅槃重生与产业振兴之路**

云南，这片古老的土地，不仅孕育了丰富的民族文化，也见证了咖啡种植与产业的百年沧桑。从最初的国际贸易需求驱动，到国际咖啡巨头的纷至沓来，云南咖啡的种植历程充满了挑战与机遇。然而，面对品种单一老化、产量下降、市场竞争力不强等困境，云南咖啡产业并未选择放弃，而是选择了坚守与变革。

在这一过程中，云南省各级党委、政府展现出了前瞻性的战略眼光和坚定的决心。他们不仅出台了多项扶持政策，还积极组织科研院所与咖农、龙头企业携手合作，共同探索咖啡产业的转型升级之路。这种自上而下的合力推动，为云南咖啡的涅槃重生奠定了坚实的基础。经过十多年的不懈努力，云南咖啡产业取得了令人瞩目的成就。种质资源圃的建立与扩大，为咖啡新品种的选育提供了丰富的遗传材料。高产、优质咖啡新品种的推出，不仅提升了咖啡的产量与品质，也为咖农们带来了更多的经济收益。同时，生产新技术的不断推出与应用，如咖啡老园嫁接品种更新、立体生态种植、化肥农药减施增效等，不仅提高了咖啡的生产效率与环保水平，也进一步增强了云南咖啡的市场竞争力。

在初加工环节，云南咖啡产业同样实现了技术革新与装备升级。咖啡机械脱胶、热风机械干燥等新技术的应用，使得咖啡初加工过程更加高效、环保。而微批次精品加工、生物酶促进咖啡发酵脱胶等技术的推出，更是为云南咖啡的精品化、差异化发展开辟了新路径。

回顾云南咖啡产业的发展历程，我们不难发现，这是一条充满挑战与希望的复兴之路。它告诉我们，面对困境与挑战时，只有坚持不懈地探索与创新，才能找到突破困境的出路；只有政府、科研机构、咖农与企业共同努力与协作，才能推动产业的持续健康发展。

【任务考核】

1.任务完成

以小组为单位完成中国云南咖啡的资料收集、整理，并以PPT、海报或视频等形式，根据老师的指导，在课堂上进行展示宣讲，分享各组对中国云南咖啡及其独特的风味和高品质的理解和感悟，总结所学内容，并反思中国云南咖啡对现代社会咖啡产业快速发展的启示和意义。

2.评价与改进

以小组为单位，由组长组织，根据表中的要求对各组成员作出相应的评价，并对被评价的同学提出改进建议。

表6.5 中国云南咖啡综合评价表

评价项目	评价内容	个人评价	小组评价	教师评价
任务准备工作	(1) 个人任务分工完成情况 (2) 个人综合职业素养	☺ ☺ ☹ □ □ □ □ □ □	☺ ☺ ☹ □ □ □ □ □ □	☺ ☺ ☹ □ □ □ □ □ □
任务展示过程	课堂学习积极性	☺ ☺ ☹ □ □ □	☺ ☺ ☹ □ □ □	☺ ☺ ☹ □ □ □
知识掌握	(1) 中国云南咖啡的定义	☺ ☺ ☹ □ □ □	☺ ☺ ☹ □ □ □	☺ ☺ ☹ □ □ □
	(2) 中国云南咖啡的特点	强 中 弱 □ □ □	强 中 弱 □ □ □	强 中 弱 □ □ □
	(3) 中国云南咖啡的生产过程	强 中 弱 □ □ □	强 中 弱 □ □ □	强 中 弱 □ □ □
课后任务拓展	(1) 中国云南咖啡的文化意义 (2) 在线课程学习情况	☺ ☺ ☹ □ □ □ □ □ □	☺ ☺ ☹ □ □ □ □ □ □	☺ ☺ ☹ □ □ □ □ □ □
学习态度	积极认真的学习态度	☺ ☺ ☹ □ □ □	☺ ☺ ☹ □ □ □	☺ ☺ ☹ □ □ □
团队精神	(1) 团队协作能力 (2) 解决问题的能力 (3) 创新能力	☺ ☺ ☹ □ □ □ □ □ □ □ □ □	☺ ☺ ☹ □ □ □ □ □ □ □ □ □	☺ ☺ ☹ □ □ □ □ □ □ □ □ □
综合评价		☺ ☺ ☹ □ □ □		

越南咖啡

任务6 越南咖啡

【任务目标】

1. 能简述越南咖啡的定义。

2. 了解越南咖啡的特点。

3. 激发对世界文化多样性的兴趣和尊重，培养开放包容的心态。

【任务描述】

润心饮品研创社团同学为筹备世界著名单一产地咖啡的系列宣传活动，做了充分准备，他们搜集相关资料，请教社团老师，在老师的指导下，分组分工全面了解越南咖啡的相关知识，通过深入研究，提升对越南咖啡以及咖啡文化的认知水平，以便更好地为同学们进行宣传介绍。

【任务分析】

首先，社团同学们需要调查整理的资料包括越南咖啡的产地特色、风味特点、种植与处理方式等。其次，同学们需要将各组搜集到的资料进行整理，并以PPT、海报或视频等形式进行展示宣讲，邀请参与活动的同学分享自己对越南咖啡的理解和感悟。

【任务实施】

1）越南咖啡的定义

越南是世界著名的咖啡生产国和出口国，其咖啡产业历史悠久，品质优良。越南咖啡以其独特的风味和香气而闻名，深受全球咖啡爱好者的喜爱。

2）越南咖啡的特点

（1）越南咖啡的地理环境

①地理位置：越南位于中南半岛东部，地形狭长，境内大部分地区为山地和高原。位于北纬25°至南纬25°的"咖啡带"，这个区域多为热带和亚热带地区，气候宜人，日照充足，并有适当的降水量。这些地形特点为咖啡树的种植提供了必要的条件，高海拔地区最适合咖啡树生长，而低洼地区则不适合栽种。

②气候条件：越南属于热带季风气候，全年雨量大、湿度高，平均年降水量为1 500~2 000毫米。这种气候提供了充足的降水，满足了咖啡树种植的气候条件。

③土壤条件：越南的土壤环境为咖啡树的生长提供了理想的条件。其土壤疏松、肥沃、排水良好，且具备适宜的酸碱度和湿度，这些都是越南能够产出优质咖啡豆的关键因素。

（2）越南咖啡的品质和风味

①品质价值：越南咖啡豆的价格受多种因素影响，包括产地、品种、品质以及制作过程的控制。一些高品质越南咖啡豆的价格甚至会高于同等品质的意大利咖啡豆或美国咖啡豆。然而，随着越南咖啡豆市场的不断发展，其价格也越来越合理。对于预算有限的消费者，越南咖啡豆也是一个不错的选择，它们通常具有不错的口感和品质，价格相对较低。

②品质风味：越南咖啡以其独特而浓郁的风味而闻名，这主要得益于其特殊的种植、烘焙和饮用方式。越南咖啡中可以尝到一些果味，例如柠檬或葡萄等水果味所带来的清新爽口及微甜香气。这些水果味与咖啡本身带来的苦涩味道形成了一种完美而协调的平衡关系。

③口感：越南咖啡浓郁且醇厚的味道，容易让人想到优质而珍贵的咖啡豆，这是越南咖啡的一大亮点。同时还能尝到一些奶油和焦糖等甜味物质，这些物质与浓郁的咖啡香相互融合，形成了一种诱人且令人难以抗拒的口感。越南咖啡的酸度非常适中和平衡，既不会过于苦涩，也不会过于单调。相反，它带有一种非常温和而柔顺的味道，可以让人在品尝时感到舒适和放松。

图 6.8　越南咖啡

（3）越南咖啡的生产过程

①种植采摘：越南种植咖啡豆，通常是在海拔 200~300 米的山区进行。这些咖啡豆在生长过程中接受了严格的气候条件和土壤选择，以确保它们具有最佳的品质和口感。在采摘时，咖啡豆成熟度达到了最佳水平，然后通过手工采摘，确保每一颗咖啡豆都符合高质量标准。

②筛选烘焙：咖啡豆被送到筛选器上进行筛选，只有符合高质量标准的咖啡豆才能进入下一步。这些咖啡豆经过进一步筛选后，被送到烘焙炉中进行烘焙。烘焙的温度和时间会根据咖啡豆的种类和品质而有所不同，但在整个烘焙过程中，越南咖啡豆依旧保持了新鲜、独特的香气和口感。

③加工分级：在加工过程中，越南咖啡豆会被分为不同的等级，以确保它们的品质保持一致。加工过程中的温度、湿度和压力等因素都进行了精确的控制，以确保咖啡豆的品

质和口感。

④包装和储存：咖啡豆包装和储存是它们保持新鲜和品质稳定的关键。烘焙后的咖啡豆的储存条件最好是无氧、恒温，从而防止氧化和酸化导致豆子变质，同时也能够防止过度干燥导致豆子水分流失。

3）越南咖啡的文化意义

越南咖啡文化已经成为一个重要的文化符号，是越南独特文化的重要组成部分。越南的咖啡文化是一种无可比拟的文化体验，值得每个咖啡和文化爱好者去探索和品鉴。

► 【素质提升】　　　　越南咖啡产业的多元化和高质量发展

越南的咖啡文化与当地文化紧密结合，成为越南文化的重要组成部分。在越南，咖啡被视为一种社交饮料，人们喜欢在与朋友聊天或阅读书籍的闲暇时间享受一杯咖啡。此外，越南的咖啡文化还与当地的饮食文化相结合，形成了独特的咖啡餐饮文化。在越南的咖啡馆里，不仅可以品尝到各种风味的咖啡，还可以品尝到各种地道的越南美食，这种独特的体验让越南的咖啡文化更加丰富多彩。

随着全球咖啡市场的不断扩大和越南咖啡产业的不断发展，越南咖啡的未来发展前景广阔。越南政府正致力于提高咖啡产业的质量和技术水平，加强对咖农的技术培训和支持力度，推动咖啡产业的多元化和高质量发展。同时，越南也在积极拓展新的出口市场，提高咖啡产品的附加值，以进一步提升越南咖啡在国际市场上的竞争力和影响力。

【任务考核】

1.任务完成

以小组为单位完成越南咖啡的资料收集、整理，并制作以PPT、海报或视频等形式，根据老师的指导，在课堂上进行展示宣讲，分享各组对越南咖啡及其独特的风味和高品质的理解和感悟，总结所学内容，并反思越南咖啡对现代社会咖啡产业快速发展的启示和意义。

2.评价与改进

以小组为单位，由组长组织，根据表中的要求对各组成员作出相应的评价，并对被评价的同学提出改进建议。

表6.6　越南咖啡综合评价表

评价项目	评价内容	个人评价	小组评价	教师评价
任务准备工作	（1）个人任务分工完成情况 （2）个人综合职业素养	☺ ☹ ☹ ☐ ☐ ☐ ☐ ☐ ☐	☺ ☹ ☹ ☐ ☐ ☐ ☐ ☐ ☐	☺ ☹ ☹ ☐ ☐ ☐ ☐ ☐ ☐
任务展示过程	课堂学习积极性	☺ ☹ ☹ ☐ ☐ ☐	☺ ☹ ☹ ☐ ☐ ☐	☺ ☹ ☹ ☐ ☐ ☐
知识掌握	（1）越南咖啡的定义	☺ ☹ ☹ ☐ ☐ ☐	☺ ☹ ☹ ☐ ☐ ☐	☺ ☹ ☹ ☐ ☐ ☐
	（2）越南咖啡的特点	强 中 弱 ☐ ☐ ☐	强 中 弱 ☐ ☐ ☐	强 中 弱 ☐ ☐ ☐
	（3）越南咖啡的生产过程	强 中 弱 ☐ ☐ ☐	强 中 弱 ☐ ☐ ☐	强 中 弱 ☐ ☐ ☐
课后任务拓展	（1）越南咖啡的文化意义 （2）在线课程学习情况	☺ ☹ ☹ ☐ ☐ ☐ ☐ ☐ ☐	☺ ☹ ☹ ☐ ☐ ☐ ☐ ☐ ☐	☺ ☹ ☹ ☐ ☐ ☐ ☐ ☐ ☐
学习态度	积极认真的学习态度	☺ ☹ ☹ ☐ ☐ ☐	☺ ☹ ☹ ☐ ☐ ☐	☺ ☹ ☹ ☐ ☐ ☐
团队精神	（1）团队协作能力 （2）解决问题的能力 （3）创新能力	☺ ☹ ☹ ☐ ☐ ☐ ☐ ☐ ☐ ☐ ☐ ☐	☺ ☹ ☹ ☐ ☐ ☐ ☐ ☐ ☐ ☐ ☐ ☐	☺ ☹ ☹ ☐ ☐ ☐ ☐ ☐ ☐ ☐ ☐ ☐
综合评价		☺ ☹ ☹ ☐ ☐ ☐		

References 参考文献

[1] 曾凡逵，欧仕益.咖啡风味化学[M].广州：暨南大学出版社，2014.

[2] 田口护.田口护精品咖啡大全[M].唐晓艳，译.石家庄：河北科学技术出版社，2014.

[3] 韩怀宗.咖啡学：秘史、精品豆与烘焙入门[M].北京：化学工业出版社，2013.

[4] 张树坤.咖啡鉴赏与制作[M].2版.北京：中国轻工业出版社，2022.

[5] 詹姆斯·霍夫曼.世界咖啡地图[M].王琪，谢博戎，黄俊豪，译.北京：中信出版集团，2020.

[6] 王慎军.咖啡技艺与咖啡馆运营[M].北京：中国旅游出版社，2022.

[7] 井崎英典.好的咖啡[M].苏航，译.北京：北京联合出版公司，2021.

[8] 伊波利特·库尔蒂.咖啡全书[M].徐洁，译.北京：中信出版集团，2022.

[9] 缪力果.手冲咖啡[M].北京：中国轻工业出版社，2019.

[10] 李东进.我爱咖啡，更爱咖啡馆[M].吴阳，译.北京：金城出版社，2014.

[11] 岩田亮子.咖啡星人指南[M].安忆，译.杭州：浙江摄影出版社，2023.

[12] 石胁智广.你不懂咖啡[M].从研喆，译.南京：江苏凤凰文艺出版社，2021.

[13] 许宝霖.寻豆师：非洲咖啡指南[M].北京：中信出版集团，2021.

[14] 韩怀宗.精品咖啡学·总论篇[M].杭州：浙江人民出版社，2021.

[15] 苏彦彰.咖啡赏味志：香醇修订版[M].北京：中国轻工业出版社，2016.

[16] 特里斯坦·斯蒂芬森.终极咖啡指南 [M].李龙毅，译.北京：北京联合出版公司，2015.

[17] 韩怀宗.第四波精品咖啡学[M].北京：中信出版社，2022.

[18] 米奇·福克纳.咖啡师的冲煮秘籍[M].杨莉莉，张丽云，译.南京：江苏凤凰科学技术出版社，2022.

[19] 刘清.不一样的咖啡拉花[M].北京：中国纺织出版社，2020.

[20] 晋游舍.咖啡必修课[M].陆晨悦，译.武汉：华中科技大学出版社，2021.

[21] 杨辉，侯广旭.咖啡调制技能指导[M].北京：中国人民大学出版社，2011.

[22] 罗媛媛，余冰，伍依安.世界民族饮品文化.咖啡制作篇[M].上海：东华大学出版社，2021.

附　录

附录1 SCA 认证体系

SCA 认证体系是全球范围内最专业、权威且致力于咖啡培训教育的国际精品咖啡组织。

一、SCA 简介

1.全称：Specialty Coffee Association（精品咖啡协会）

2.背景：由 SCAA（美国精品咖啡协会）与 SCAE（欧洲精品咖啡协会）于 2017 年合并而成，是全球最大的咖啡培训和认证机构之一。

3.性质：非营利性的会员制组织，会员涵盖了世界各地的咖啡生产商、咖啡师等咖啡专业人士。

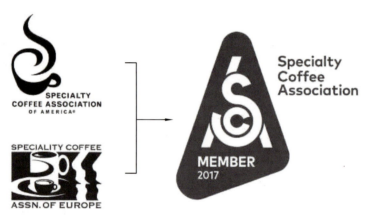

二、SCA 认证目的

1.目标：建立从咖啡种子到杯子的卓越品质标准，促进咖啡行业的可持续性和成功。

2.宗旨：通过分享知识、培育全球咖啡社区和支持活动，使精品咖啡成为整个价值链的繁荣、公平和可持续的活动。

三、SCA 认证体系

（一）认证课程

SCA 认证课程涵盖了咖啡知识、咖啡制作、感官评估等多个方面，通常包括理论学习和实践操作。具体课程模块包括但不限于：

1.咖啡入门：介绍咖啡基础知识。

2.咖啡师技艺：涵盖咖啡制作技巧，如冲煮、拉花等。

3.研磨萃取：学习如何优化研磨和萃取过程以提升咖啡品质。

4.咖啡生豆：了解生豆的品种、产地、处理方式等。

5.烘焙：学习咖啡豆的烘焙技术，掌握不同烘焙程度对咖啡风味的影响。

6.感官杯测技术：培养感官评估能力，学会品鉴咖啡的风味特点。

（二）认证级别

SCA认证分为多个级别，如基础、初级、中级、高级等，具体取决于课程难度和学员的学习进度。高级课程通常需要在完成初级和中级课程，并达到一定的实践经验要求后才可继续修习。

（三）认证流程

1.了解体系：首先了解SCA认证体系及其课程要求。

2.选择课程：根据个人基础和目标选择合适的课程。

3.报名参加：联系提供SCA认证培训的教育机构或咖啡学校进行报名。

4.学习培训：完成课程学习，包括理论学习和实践操作。

5.参加考试：通过理论知识考试和实操考试，部分课程还包括感官评估训练。

6.获取证书：考试通过后，获得SCA认证证书。

（四）新规变动

1.文凭改革：自2024年起，原有的SCA咖啡文凭将一分为四，分别为咖啡馆文凭（Cafe Diploma）、咖啡烘焙文凭（Roastery Diploma）、咖啡贸易文凭（Coffee Trade Diploma）和咖啡可持续文凭（Sustainable Coffee Diploma）。每类文凭的获取需通过该文凭指定的课程组合，并结合学习咖啡技能、咖啡可持续发展和咖啡技术三大类课程。

2.必修课程：新增咖啡可持续发展作为所有文凭的必修课程，旨在培养学习者的环保意识和社会责任感。

四、SCA认证的作用

1.国际认可：SCA认证证书在国际范围内具有广泛认可度，是专业咖啡师身份的象征。

2.技能提升：通过认证过程，学员可以系统地提升咖啡制作技能和理论知识。

3.职业发展：拥有SCA认证证书有助于提升职业竞争力，为咖啡职业生涯提供有力支持。

4.社区交流：成为SCA会员后，可以参与各种多样化的比赛与活动，与全球咖啡爱好者和从业者进行交流学习。

SCA认证体系为咖啡行业提供了全面、专业且权威的培训和认证服务，有助于推动咖啡行业的可持续发展和繁荣。

附录2 咖啡风味轮

咖啡风味轮（Coffee Flavor Wheel）是一个用于描述和分类咖啡风味的工具。它由SCAA和世界咖啡研究协会（WCR）合作开发，旨在帮助咖啡爱好者和专业人士更好地识别、评价和描述咖啡的风味，是咖啡行业中极具标志性的工具，它为咖啡品鉴师和爱好者提供了一个系统的风味描述框架。

一、概述

咖啡风味轮是描述咖啡风味的感官参考图，通过视觉化的方式帮助人们更准确地识别和描述咖啡的风味特征。它通常以图形的形式呈现，将咖啡的风味属性和类别按照一定的逻辑和层次划分为不同的环和扇形，从而帮助咖啡爱好者和专业人士更好地识别、评价和描述咖啡的风味包含的多个层级和类别。

二、结构

咖啡风味轮一般分为内环、中环和外环。

1.内环：作为风味轮的中心部分，内环通常包含九个或更多的大类风味群组，如草本植物类、酸质发酵类、水果类、花类、糖类、坚果可可类、香料类、烘焙味类以及其他类别。这些大类为品鉴者提供了一个基本的分类框架。

2.中环：中环进一步细化了内环中的大类，将各类风味更加具体地区分开来。例如，在内环的水果类中，中环可能会细分为浆果、果脯、其他果属类、柑橘属植物等子类。

3.外环：外环是风味轮的最外层，也是最为详细的部分。它包含了具体的风味描述词汇，如葡萄柚、橙子、柠檬、酸橙等，用于精确地描述咖啡中的具体风味特征。

三、使用方法

利用咖啡风味轮品鉴咖啡的步骤。

1.准备：准备一杯新鲜冲泡的咖啡，一张咖啡风味轮，一支笔和一张纸。

2.观察：观察咖啡的外观，如颜色、浓度、油脂等，记录下第一印象。

3.闻香：轻轻地摇晃咖啡杯，让咖啡的香气释放出来，然后用鼻子深深地闻一闻，注意咖啡香气的强度、持久性、复杂性等。

4.品尝：用勺子舀起一小口咖啡，让咖啡在口腔中充分接触舌头和味蕾，注意咖啡味道的酸度、甜度、苦度、醇度、均衡度等。

5.回味：吞下咖啡，注意咖啡在喉咙和胃中的感觉，以及咖啡在口腔中留下的余味。

6.总结：将观察、闻香、品尝和回味的记录整理成一段完整的咖啡风味描述。

四、内容细节

1.风味词汇：咖啡风味轮包含了丰富的风味词汇，这些词汇通常与人们日常生活中的食材和感受相关联，如花香、果香、坚果、焦糖、香料等。这些词汇旨在帮助品鉴者找到与咖啡风味相对应的参照物，从而更准确地描述咖啡的风味特征。

2.颜色与风味的关联：在咖啡风味轮中，每种风味或风味群组通常与特定的颜色相关联。这种设计有助于品鉴者通过颜色联想来识别和记忆不同的风味特征。例如，花香类风味可能与淡雅清新的颜色（如白色、粉色）相关联，坚果可可类风味则可能与棕色或深褐色相关联。

3.风味差异的判断：风味轮上的具体风味词汇之间的间隔也可以作为判断风味差异的依据。间隔越小，两种风味越相似；间隔越大，两者风味差异越大。

五、用途

咖啡风味轮主要用于咖啡品鉴和培训。在咖啡品鉴过程中，品鉴者可以根据风味轮上的分类和词汇来系统地描述和记录咖啡的风味特征。同时，它也为咖啡培训提供了一个标准化的教学工具，帮助学员快速掌握咖啡风味的识别和描述技巧。

附录3 SCA成员

SCA是一个致力于提升咖啡品质、促进咖啡文化发展的国际性组织。其成员来自全球各地的咖啡从业者，包括咖啡种植者、烘焙师、咖啡师、咖啡贸易商、咖啡设备制造商以及咖啡爱好者等。

关于SCA的成员，由于这是一个动态变化的群体，且具体成员名单可能并未全部公开，因此无法提供一份完整的成员列表。这里简单介绍一些成为SCA成员的基本条件和一般特征。

一、成为SCA成员的基本条件

1.对咖啡的热爱与承诺：成员通常对咖啡有着深厚的热爱，并致力于提升咖啡的品质和文化。

2.专业知识与技能：成员需要具备咖啡种植、烘焙、萃取、品鉴等方面的专业知识与技能。

3.遵守协会准则：成员需要遵守SCA的规章制度和道德准则，积极参与协会组织的各项活动。

二、SCA成员的一般特征

1.多元化：SCA成员来自不同的国家和地区，拥有不同的文化背景和专业背景。

2.专业性：成员在咖啡行业的各个领域都具备较高的专业素养和技能水平。

3.合作与分享：成员之间积极合作、分享经验和技术，共同推动咖啡行业的发展。

三、知名SCA成员示例

列举一些在咖啡行业具有广泛影响力的SCA成员作为示例。

1.娥娜·努森（Erna Knutsen）：她是精品咖啡概念的提出者，并在SCA的创立和发展中发挥了重要作用。2002年，她因对咖啡品质的执着追求和卓越贡献而获得了SCCA的为她颁发的史上首个终身成就奖。

2.霍华德·舒尔茨（Howard Schultz）：作为星巴克的现任总舵手，他也在咖啡行业有着举足轻重的地位。他不仅在星巴克的发展中扮演了关键角色，还积极推广精品咖啡文化。

此外，还有许多优秀的咖啡师、烘焙师、种植者等也是SCA的活跃成员，他们通过不断地学习和实践，为咖啡行业的发展贡献着自己的力量。如果您对特定成员或更多关于SCA的信息感兴趣，建议直接访问SCA的官方网站以获取更详细的信息。

附录4　全球精品咖啡赛事

全球精品咖啡赛事丰富多样，这些赛事不仅推动了咖啡行业的创新性发展，也为咖啡师们提供了展示技艺与交流的平台。以下是一些知名的全球精品咖啡赛事介绍。

一、世界咖啡师大赛（WBC）

1.简介：作为世界咖啡锦标赛（WCC）主办的七大赛事之一，世界咖啡师大赛被誉为"咖啡界奥林匹克"，是一项考验咖啡师综合能力的国际认证咖啡制作比赛。

2.比赛内容：选手需要在15分钟内，制作出4杯意式浓缩咖啡、4杯牛奶咖啡、4杯以浓缩为基底的创意特调咖啡，并流畅地讲解自己的作品与构思。

3.评分标准：评委从咖啡设备的运用、咖啡豆的选取、制作咖啡的技巧、咖啡成品的口味与外观，以及创意咖啡的创造力等多方面进行打分。

二、世界咖啡冲煮大赛（WBrC）

1.简介：这是一个比拼手冲咖啡萃取技艺的比赛，旨在提升手工咖啡萃取与服务的专业水准。

2.比赛内容：比赛分为指定冲煮和自选冲煮两部分。指定冲煮部分，选手使用同一种指定的熟豆和标准设备制作三杯咖啡；自选冲煮中，选手则使用自备的熟豆和器具进行萃取。

3.评分标准：整个介绍、冲泡以及服务过程的流畅程度都将会纳入评判范围。

三、世界咖啡拉花艺术大赛（WLAC）

1.简介：最具艺术观赏性的咖啡比赛之一，咖啡师既要比拼创新的设计拉花，也要完成指定的常规复杂图案。

2.比赛内容：共有初赛、半决赛和总决赛三轮。选手需在规定时间内制作拉花饮品，并进行展示。

3.评分标准：评委从拉花图案的视觉效果、创意表达、对比度、每组图案与图片的一致性以及咖啡师的整体台风表现进行综合评分。

四、世界杯测大赛（WCTC）

1.简介：考查咖啡师快速且准确地辨识咖啡的能力。

2.比赛内容：将三个杯子放置成三角阵形，其中两杯是相同的咖啡，一杯是不同的。选手需尽快辨别出不一样的那杯咖啡，并进行风味描述。

3.评分标准：准确率最高且速度最快的选手将获胜。

五、世界咖啡烘焙大赛（WCRC）

1.简介：考验选手对咖啡豆的选择和烘焙风味呈现的完美度。

2.比赛内容：包括选手对咖啡生豆评估的临场表现、为指定咖啡豆设定最优烘焙曲线、咖啡豆烘焙成品等三个方面。

　　3.评分标准：烘焙成品将以盲测的方式由专业评委进行杯测并确定最终得分。

六、世界咖啡与烈酒大赛（WCIGSC）

　　1.简介：利用各种调配方式将咖啡与不同的酒相结合的高阶舞台。

　　2.比赛内容：初赛选手需在规定时间内制作咖啡调饮，决赛选手则需制作更多具有创意和个性的咖啡调饮。

　　3.评分标准：评委从饮品的均衡度、风味、商业价值以及选手的制作技巧等角度进行综合打分。

　　此外，还有世界虹吸壶大赛（WSC）、世界爱乐压大赛（WAC）等主题的世界级咖啡大赛，这些赛事共同构成了全球咖啡师竞技与交流的重要平台。随着咖啡文化的不断传播和发展，这些赛事的影响力和参与度也在逐年提升。